职业教育无人机应用技术专业系列教材

空气动力学与飞行原理

胡 强 朱 妮 屈 峰 孙 迪 编

机 械 工 业 出 版 社

本书是无人机应用技术专业系列教材，是根据教育部最新颁布的专业教学标准，同时参考相应职业资格标准编写的。

本书主要介绍了无人机与大气的基础知识及气流特性、无人机空气动力学基础、固定翼无人机基本飞行原理、无人直升机基本飞行原理、多旋翼无人机基本飞行原理、无人飞艇基本飞行原理，旨在通过系统的理论学习，让学生准确掌握空气动力学基础知识及各平台类型飞行器的飞行原理。

为方便教学，本书配套有助教课件等教学资源，凡选用本书作为授课教材的教师，均可登录机械工业出版社教育服务网（http://www.cmpedu.com）免费下载，或联系编辑咨询，电话010-88379197。

本书可作为职业院校无人机应用技术专业的教材，也可供相关从业人员及无人机爱好者参考。

图书在版编目（CIP）数据

空气动力学与飞行原理/胡强等编. —北京：机械工业出版社，2021.3（2025.2重印）
职业教育无人机应用技术专业系列教材
ISBN 978-7-111-67678-2

Ⅰ.①空…　Ⅱ.①胡…　Ⅲ.①空气动力学－职业教育－教材
②飞行原理－职业教育－教材　　Ⅳ.①V21

中国版本图书馆CIP数据核字（2021）第039183号

机械工业出版社（北京市百万庄大街22号　邮政编码100037）
策划编辑：王莉娜　　　责任编辑：王莉娜　赵　帅
责任校对：刘雅娜　　　封面设计：鞠　杨
责任印制：常天培
北京机工印刷厂有限公司印刷
2025年2月第1版第14次印刷
184mm×260mm·7.25印张·147千字
标准书号：ISBN 978-7-111-67678-2
定价：32.00元

电话服务　　　　　　　网络服务
客服电话：010-88361066　机 工 官 网：www.cmpbook.com
　　　　　010-88379833　机 工 官 博：weibo.com/cmp1952
　　　　　010-68326294　金 书 网：www.golden-book.com
封底无防伪标均为盗版　机工教育服务网：www.cmpedu.com

PREFACE
前言

为深入贯彻落实《国家教育事业发展"十三五"规划》以及《国务院关于大力推进职业教育改革与发展的决定》等文件精神，适应无人机产业迅猛发展对职业院校专业和课程建设的需求，针对当前职业院校该专业还没有一套较为合适的教材，大部分院校采用自编或企业培训课件组织教学，满足不了行业发展以及专业建设需要的现状，机械工业出版社于2018年5月11—13日在北京召开了职业院校"无人机应用技术专业"产教融合、教材与资源建设会议。在会上，来自全国无人机应用技术专业的骨干教师、企业专家研讨了新形势下该专业的课程体系以及教材和资源建设原则、方法、内容等。

根据会议精神，组建了本书的编写团队，接下来进行了行业、产业、企业、院校调研以确定教材内容，最后分工编写。本书依据无人机应用技术专业人才培养目标和行业、企业用人单位需求、最新专业课程标准以及《民用无人机驾驶员管理规定》的知识和技能要求编写。

无人机的发展已经进入了一个崭新的时代，无人机产业有着广阔的市场前景。技术先进、性能各异、用途广泛的各种新型无人机不断出现。我国的无人机发展速度极快，相关专业人才需求急剧增加。因此，对无人机人才的培养成为推动无人机产业持续发展的重要环节之一。

在本书编写过程中得到了业内众多专家学者的指导，在此，感谢各位专家学者的鼎力相助！

由于编者水平有限，书中难免存在不妥之处，恳请读者批评指正。

编　者

CONTENTS
目录

前言

第一章　无人机与大气的基础知识及气流特性..............1

第一节　无人机的基础知识..2

　一、固定翼无人机..2

　二、无人直升机..5

　三、多旋翼无人机..5

　四、无人飞艇..6

第二节　大气的基础知识..11

　一、大气的基本要素..11

　二、大气层划分..12

　三、大气压力..14

　四、大气压力的度量..15

　五、海拔对大气压力、飞机性能的影响.........................15

　六、空气密度的影响..16

第三节　低速气流特性..16

　一、流场的概念..16

　二、运动的转换..18

　三、连续性定理..18

第四节　高速气流特性..19

　一、空气的压缩性..19

　二、激波..20

练习题..23

第二章　无人机空气动力学基础................................25

第一节　无人机空气动力学概述................................26

第二节　翼型空气动力学..27

　一、翼型的几何特性..27

CONTENTS

二、伯努利定理 29

三、受力 31

四、升阻比 36

五、空气动力特性的影响因素 37

六、翼型选择 38

第三节 机翼空气动力学 39

一、翼载荷 40

二、展弦比 41

三、后掠角 42

四、根梢比 44

第四节 旋翼空气动力学 44

一、旋翼翼型 45

二、旋翼空气动力学特性 46

第五节 牛顿定律与无人机受力 49

一、牛顿定律 49

二、无人机受力 50

第六节 高速气动特性 51

一、翼型的亚声速空气动力特性 51

二、翼型的跨声速空气动力特性 52

三、翼型的超声速升力特性 53

练习题 53

第三章 固定翼无人机基本飞行原理 55

第一节 固定翼无人机空气动力学 56

一、不同布局的气动特点 56

二、机翼上反角 67

三、翼身组合体 68

四、尾翼 68

CONTENTS ■

　　五、其他因素 68

第二节　固定翼无人机飞行性能 69

　　一、平飞性能 69

　　二、爬升性能 70

　　三、下降性能 71

　　四、续航性能 71

　　五、活动半径 72

　　六、起飞着陆性能 72

第三节　固定翼无人机的飞行稳定性 73

　　一、纵向稳定性 74

　　二、横向稳定性 74

　　三、航向稳定性 74

第四节　固定翼无人机操纵及控制原理 74

　　一、固定翼无人机操纵原理 74

　　二、固定翼无人机控制原理 75

练习题 76

第四章　无人直升机基本飞行原理 77

第一节　无人直升机的结构 78

　　一、直升机的布局形式 78

　　二、直升机桨毂的结构 79

　　三、直升机桨叶的结构 81

第二节　无人直升机的飞行性能 82

第三节　无人直升机操纵及控制原理 83

练习题 85

第五章　多旋翼无人机基本飞行原理 87

第一节　多旋翼无人机的飞行性能 88

　　一、飞行速度 88

二、续航时间 88

三、悬停性能与定位性能 88

四、避障性能 88

第二节　多旋翼无人机操纵及控制原理 89

一、垂直运动 89

二、俯仰运动 90

三、滚转运动 90

四、偏航运动 91

五、前后运动 91

六、侧向运动 92

练习题 93

第六章　无人飞艇基本飞行原理 95

第一节　飞艇的内部构造 96

第二节　无人飞艇的飞行原理 98

一、空气静力学原理 98

二、空气动力学原理 99

第三节　无人飞艇的操纵控制 101

一、地面操纵 101

二、飞行操纵 103

练习题 107

参考文献 108

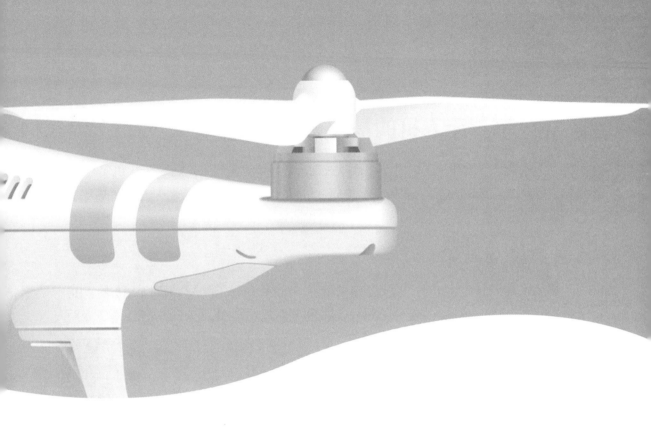

无人机与大气

基础知识及气流特性

第一章

本章主要学习各平台无人机的结构组成和功能，以及大气的基础知识，为后续学习空气动力学知识打下基础。

第一节　无人机的基础知识

无人机的飞行原理与飞机的飞行原理一致，尤其是固定翼无人机。无人机飞行平台结构多种多样，但是各式无人机的基本组成是相同的，以下按照固定翼无人机、无人直升机、多旋翼无人机、无人飞艇的顺序介绍无人机的结构和组成。

一、固定翼无人机

固定翼无人机的气动布局主要有正常式布局、三翼面布局、鸭式布局和无尾布局。由于正常式布局技术较为成熟、操控稳定性好、结构可靠性高，常见的无人机多采用正常式布局。

正常式布局无人机由机翼、机身、尾翼、起落架等组件组成，尾翼位于机翼后面，如图1-1所示。

在不包含电子设备的情况下，固定翼无人机平台由机翼、机身、垂直尾翼、起降系统、动力系统等部分组成。固定翼无人机的通用结构如图1-2所示。

图1-1　正常式布局无人机

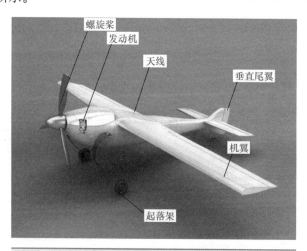

图1-2　固定翼无人机的通用结构

固定翼无人机依靠机翼与空气的相对运动产生足够的升力在空中飞行。机翼主要由主翼面、可动的副翼和襟翼（微型和轻型无人机没有副翼和襟翼）组成。副翼主要用于滚转操纵控制，襟翼主要用于起降阶段的增加升力。无人机机翼结构有单梁式、多梁式、多墙式、单块式等。典型单梁式无人机机翼的结构如图1-3所示。机翼由翼梁、桁条、翼肋、前墙、后墙、蒙皮、接口、加强肋等组成（微型和轻型无人机可以没有前墙）。

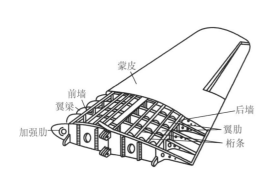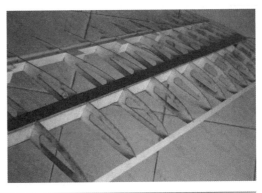

图1-3 典型单梁式无人机机翼的结构

机身产生的升力很小，主要用于装载设备、燃料、有效载荷等装置，将机翼、尾翼、起落架、动力装置连接成一个整体。固定翼无人机的机身有桁梁式、桁条式、硬壳式三种类型，图1-4所示为典型固定翼无人机的机身结构。

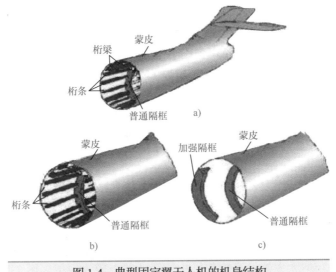

图1-4 典型固定翼无人机的机身结构

ⓐ 桁梁式机身 ⓑ 桁条式机身 ⓒ 硬壳式机身

尾翼用来配平、稳定和操纵固定翼无人机，包括垂直尾翼和水平尾翼。方向舵控制固定翼无人机的偏航运动，安装在垂直尾翼的垂直安定面之后。升降舵用于控制固定翼无人机的俯仰运动，安装在水平尾翼的水平安定面后部。图1-5所示为固定翼无人机尾翼的组成示意图。尾翼有多种布局形式，如T形尾翼、V形尾翼、H形尾翼等。此外，还有一些无尾布局的无人机。

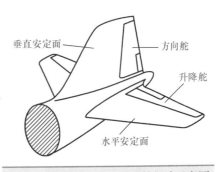

图1-5 固定翼无人机尾翼的组成示意图

固定翼无人机的起降方式有多种，如弹射起飞、小车起飞、空中投放、火箭发射、滑撬起降、轮式起降、手抛起飞等。其中前四种起飞方式受起飞场地限制较小，但均需伞降回收。

手抛起飞主要用于质量为 15kg 以下的微型无人机，在发动机点火或电动机起动至推力最大后，由抛射者手动抛射起飞，如图 1-6 所示。这种起飞方式简单方便，可以减轻结构重量。手抛起飞对无人机起降系统要求低，但是只适用于重量较轻的无人机，如果释放失败可能会对无人机造成毁灭性的损坏，并对抛射者产生一定的危险。

图 1-6　手抛起飞

火箭发射起飞方式中，无人机安装在发射架上，尾部火箭点火产生起飞所需的推力。这种起飞方式主要用于小型和轻型无人机，其推力大，受外界环境影响小，无需跑道，成功率很高，但是由于采用火箭助推，成本较高，发射前准备时间也较长，在消费级和工业级无人机中较少使用。

弹射起飞方式中，无人机安装在弹射支架上，由弹射装置产生推力使无人机加速到起飞离地速度实现起飞，如图 1-7 所示。弹射起飞方式集合了滑撬起降和火箭发射起飞的优点，对跑道要求低，受外界环境影响小，成功率高，是当今轻型无人机的主要发射方式。

图 1-7　弹射起飞

轮式起降的起落架主要用来支撑固定翼无人机，并用于滑行、起飞和着陆滑跑，由支柱、缓冲器、制动装置、机轮、收放机构组成。这种起飞方式在小型和大型无人机中应用较多。一般微型和轻型无人机没有收放机构，缓冲器也较为简单。图 1-8 所示为固定翼无人机起落架的结构示意图。

图 1-8　固定翼无人机起落架的结构示意图

二、无人直升机

无人直升机是一种重于空气的航空器，与固定翼无人机由机翼产生升力不同，无人直升机主要由旋翼旋转产生相对于空气的运动，进而获得升力。除了提供升力，无人直升机的旋翼还为其提供推进力，使其具有大多数固定翼无人机所不具备的垂直升降、悬停、小速度向前或向后飞行的功能。与固定翼无人机相比，无人直升机的飞行速度低、耗油量较大、航程较短。

无人直升机还有一大特点，即旋翼旋转将产生反扭效应。无人直升机的旋翼在为其提供升力和推进力的同时，机身也会受到反扭矩的作用而产生向反方向旋转的趋势。为了克服旋翼旋转产生的反作用扭矩，一般采用在机身尾部安装尾桨或采用双旋翼的设计。按照克服旋翼反作用扭矩方式的不同，可以将无人直升机分为单旋翼尾桨无人直升机、共轴双旋翼无人直升机、横列式双旋翼无人直升机和纵列式双旋翼无人直升机。前两种无人直升机应用较为广泛。

传统的单旋翼尾桨无人直升机由发动机、机身、旋翼、传动系统和尾桨组成。旋翼的自动倾斜器可以实现总距和周期变距操纵，尾桨一般具有总距操纵的功能。旋翼和尾桨安装有分离减速器，以调节旋翼和尾桨的转速。图1-9所示为单旋翼尾桨无人直升机实物图。无人直升机的操纵要求较高，尤其是在逆风飞行和有侧风的情况下，操控师更应谨慎操作。

共轴双旋翼无人直升机具有两个变桨距旋翼，彼此同轴反向旋转，以抵消扭矩。其优点是无须机身，结构更加紧凑，载荷更大，常用作大载荷无人机。

图1-9 单旋翼尾桨无人直升机实物图

三、多旋翼无人机

多旋翼无人机依靠若干旋翼为飞行提供升力和推进力。多旋翼无人机的旋翼大小相同，分布位置对称，通过调节旋翼转速来实现无人机的悬停、前进等飞行动作。由于多旋翼无人机需要对旋翼的旋转速度进行精准的同步调制，因此往往选用电动机作为旋翼驱动装置。多旋翼无人机飞行稳定、操纵灵活、结构简单、体积小、重量轻、成本低，可以在人不宜进入的恶劣环境中工作，常用来执行航拍取景、实时监控、地形勘探等任务。目前，无人机在快递等新兴领域也得到了一定的应用。鉴于以上优点，多旋翼无人机也较容易进入大众消费领域。

多旋翼无人机由机身主体、动力系统和控制系统组成。其中，机架、支臂、起落架、任务载荷设备构成了机身主体；电动机、螺旋桨、电子调速器、电池构成了动力系统，也是其旋翼系统；飞控导航设备、机上数据链路构成了控制系统。多旋翼无人机的旋翼大多为偶数个（少数为三旋翼无人机），并对称分布在机体的前、后、左、右四个方向，且多个旋翼处于同一高度平面或上、下两个平面上，各旋翼的结构和半径都相同，相邻的旋翼安装正、反螺旋桨，用以抵消陀螺效应和旋转扭矩。常见的多旋翼无人机有四旋翼无人机、六旋翼无人机和八旋翼无人机。图 1-10 所示为四旋翼无人机实物图。

图 1-10　四旋翼无人机实物图

四、无人飞艇

现代无人飞艇根据工作环境的不同可以分为低空飞艇和高空飞艇。图 1-11 所示为几种典型的低空、高空飞艇飞行高度与雷诺数的关系。

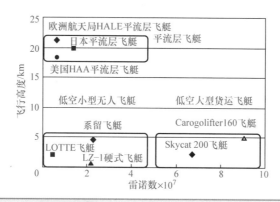

图 1-11　几种典型的低空、高空飞艇飞行高度与雷诺数的关系

低空飞艇主要指在对流层飞行的无人飞艇，包括低空小型无人飞艇、低空大型货运飞艇、低空机器人警用无人飞艇、低空摄像无人飞艇、低空无人航测飞艇、低空地磁探测无人飞艇等。

从结构上进行区分，无人飞艇可以分为软式飞艇、硬式飞艇、半硬式飞艇三种。其中软式飞艇又称为压力飞艇，其气囊外形依靠内部充压气体的压力来保持。硬式飞艇由金属结构保持主气囊的外形，在主体结构内充入密度小于空气的气体来产生无人飞艇所需的浮力。半硬式飞艇一般以金属或碳纤维龙骨作为支撑构架，通过充入充压气体获得浮力并保持气囊外形。图 1-12 所示为软式飞艇的实物图，图 1-13 所示为美国 Aeros 公司研发的 "Aeroscraft" 号军用运输硬式飞艇实物图，图 1-14 所示为北京航空航天大学研发的 "圆梦号" 平流层无人飞艇，该飞艇为半硬式飞艇。

图 1-12　软式飞艇的实物图

图 1-13 美国"Aeroscraft"号军用运输硬式飞艇实物图

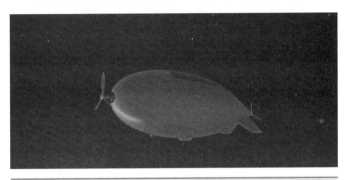

图 1-14 北京航空航天大学研发的"圆梦号"平流层无人飞艇

现代无人飞艇通常由气囊、推进机构、尾翼、吊舱等主体结构及艇载任务设备、控制系统、头部装置、尾部装置、系留装置、起落架和地面控制设备等部分组成，如图 1-15 所示。

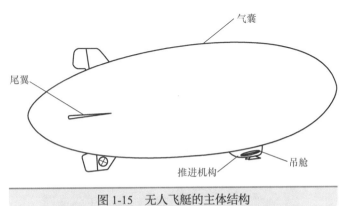

图 1-15 无人飞艇的主体结构

气囊是无人飞艇的主要部件，具有流线型外形，一般围绕中心轴线旋转而成，旨在减小空气阻力。气囊应能承受飞行过程中各种力的作用，如空气静力、空气动力和发动机推力等的作用。

气囊通常包括主气囊和辅助气囊。主气囊通过充满氦气使无人飞艇获得浮力，通常由聚酯纤维等人造纤维材料织成。主气囊的人造纤维材料表面带有涂层，通过胶粘、高频焊接和热气焊接使其具备一定的拉伸强度和较好的气密性。对软式无人飞艇而言，其主气囊通常为整体空腔的形式。而对半硬式、硬式无人飞艇而言，由于有金属或碳纤维龙骨作为支撑构架，主气囊内部通常被分隔成若干个空腔。辅助气囊又称为副气囊，当压力、温度等大气环境参数变化引起主气囊内部氦气压力的变化时，辅助气囊通过充气或放气来控制和保持无人飞艇的形状和浮力。图 1-16 所示为无人飞艇在地面和高空时主气囊和辅助气囊的状态示意图。

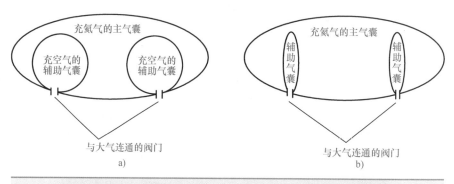

图 1-16　无人飞艇在地面和高空时主气囊和辅助气囊的状态示意图

ⓐ 无人飞艇在地面时的气囊状态　ⓑ 无人飞艇在高空时的气囊状态

动力装置为无人飞艇的起飞、降落和悬停提供动力。无人飞艇的动力装置包括发动机、减速器和螺旋桨。由于无人飞艇的飞行速度通常较低，因此通常选用螺旋桨活塞发动机克服阻力，推动飞艇飞行。现代无人飞艇通常由两台或两台以上的发动机提供动力。对于软式无人飞艇，发动机一般对称安装在吊舱的两侧。对于半硬式、硬式无人飞艇，发动机一般安装在无人飞艇艇身的支撑骨架上。图 1-17 所示为某无人飞艇的吊舱和动力装置。目前，世界各国竞相发展可改变推力方向的转向发动机及利用太阳能等新能源的无人飞艇动力装置。

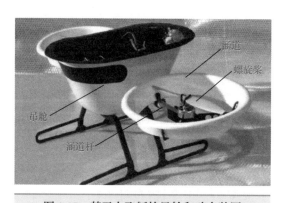

图 1-17　某无人飞艇的吊舱和动力装置

无人飞艇的头部装置通常由艇锥和撑条两部分组成。头部装置的主要作用是保持主气囊头部的外形，抵抗飞行中的头部气压，并为系留装置提供机械接口。艇锥是由高强度金属材料制成的圆锥体，锥底含有与撑条连接的耳片，锥头安装有与系留装置配套的锁销和栓口。撑条的外形与主气囊头部外形的曲率一致，同艇锥相连接，位于气囊头部并呈放射状分布。撑条的材料通常为铝合金，由粘接在主气囊上的撑条套固定。图 1-18 所示为无人飞艇头部装置实物图。

图 1-18 无人飞艇头部装置实物图

无人飞艇的尾部装置安装或采用补片形式粘接于主气囊尾部，其外形与无人飞艇的艇锥相似，尾部装置上可以安装结尾绳、尾灯等设备。

尾翼为无人飞艇提供方向稳定性，其作用类似于飞机尾翼。方向舵与升降舵是无人飞艇的操控舵面，与飞机方向舵与升降舵的功能类似。尾翼通常有四片和三片两种形式。无人飞艇尾翼的常见布局形式有"X"型和"Y"型。"X"型由四片尾翼对称安装于气囊尾部，"Y"型由三片尾翼互成 120° 夹角安装于气囊尾部。图 1-19 所示为无人飞艇尾翼的实物图。

无人飞艇的系留装置由系留杆、系留头（位于系留杆顶部）和系留锁（与系留头相匹配）组成。系留装置用于固定近地停放的无人飞艇。当无人飞艇头部装置的系留锁销插入系留锁后即实现了上述固定，但无人飞艇的头部仍可以随风转动其朝向。图 1-20 所示为无人飞艇系留装置的实物图。

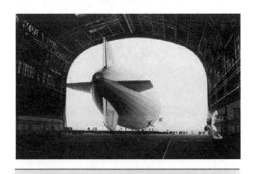

图 1-19 无人飞艇尾翼的实物图

图 1-20 无人飞艇系留装置的实物图

无人飞艇的起落架具有降低着陆时的撞击载荷，方便地面滑行和停放的作用。无人飞艇起落架的形式与飞机起落架类似，但由于无人飞艇降落时质量和速度都比较小，因此无人飞艇起落架的强度比飞机小得多。小型无人飞艇和水上降落的无人飞艇采用气囊来代替起落架，实现着陆缓冲。但对于大、中型无人飞艇及需要具备系留、库外停放、地面机动等功能的无人飞艇而言，多采用起落架。无人飞艇的起落架由支柱、外筒、撑杆、地面位置锁、限位装置、缓冲绳、缓冲器、机轮等组成。图 1-21 所示为某型无人飞艇轮式起落架结构示意图。

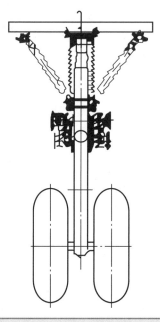

图 1-21 某型无人飞艇轮式起落架结构示意图

吊舱是无人飞艇的重要组成部分，它通常悬挂于主气囊下部，是无人飞艇任务载荷的平台。无人飞艇的吊舱用于承载设备、货物、燃油，以及安装推进系统等。图 1-22 所示为无人飞艇吊舱的实物图。

无人飞艇的艇载控制设备包括定位系统信号接收机、电子罗盘、传感器、摄像系统、导航飞控系统及通信链路设备等，用来实现对无人飞艇进行导航及飞行控制。无人飞艇的地面控制设备由遥控器、主控计算机、通信链路设备、显示系统等组成，用于实现对无人飞艇起飞、着陆及可视范围内的飞行控制。图 1-23 所示为无人飞艇的艇载控制设备实物图。

图 1-22 无人飞艇吊舱的实物图

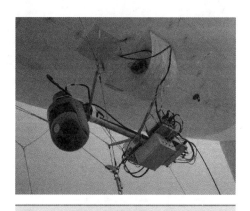

图 1-23 无人飞艇的艇载控制设备实物图

第二节 大气的基础知识

大气飞行环境主要指飞行器在大气层内飞行时所处的环境条件。包围地球的空气层（即大气）是航空器的唯一飞行活动环境，也是导弹和航天器的重要飞行环境。

一、大气的基本要素

表示大气状态的物理量和物理现象通称为气象要素。气温、气压、空气湿度等物理量是气象要素，风、云、降水等现象也是气象要素，它们都能在一定程度上反映当时的大气状况。其中，气温、气压和空气湿度称为三大气象要素。

1. 气温

气温是表示空气冷热程度的物理量，它实质上是空气分子平均动能大小的宏观表现。一般情况下，可将空气视为理想气体，这样空气分子的平均动能就是空气内能，因此气温的升高或降低，也就是空气内能的增加或减少。在实际大气中，气温变化的基本方式有非绝热变化和绝热变化两种。而对某一地点的气温（又称局地气温）来说，其变化除了与该地点的气块温度的绝热和非绝热变化有关外，还与不同温度气块的移动有关。

2. 气压

气压即大气压强，是指与大气相接触的面上，空气分子作用在单位面积上的力。这个力是由空气分子对接触面的碰撞引起的，也是空气分子运动所产生的压力。气压常用的量度单位有百帕 (hPa) 和毫米汞柱 (mmHg)，其换算关系为 $1hPa=100N/m^2=0.75mmHg$。

（1）气压随高度的变化　当大气处于静止状态时，某一高度上的气压值等于其单位水平面积上所承受的上部大气柱的重力，随着高度增加，其上部大气柱越来越短，且气柱中空气密度越来越小，气柱重力也就越来越小。

（2）航空领域常用的气压

1）本站气压：指气象台气压表直接测得的气压。由于各测站所处的地理位置及海拔不同，本站气压常有较大差异。

2）修正海平面气压：是由本站气压推算到同一地点海平面高度上的气压值。运用修正海平面气压便于分析和研究气压的水平分布情况，海拔大于 1500m 的测站不推算修正海平面气压，因为推算出的修正海平面气压的误差可能过大，失去意义。

3）场面气压：指着陆区（跑道入口端）最高点的气压。场面气压也是由本站气压推算出来的。飞机起降时为了准确掌握其相对跑道的高度，就需要知道场面气压。场面气压也可由机场标高点处的气压代替。

4）标准海平面气压：大气处于标准状态下的海平面气压称为标准海平面气压，其值为 1013.25hPa 或 760mmHg。海平面气压是经常变化的，而标准海平面气压是一个常数。

（3）气压与高度　飞机飞行时，测量其飞行高度多采用无线电高度表和气压式高度表。无线电高度表所测量的是飞机相对于所飞越地区地表的垂直距离，无线电高度表能不断地指示飞机相对于所飞越地表的高度，并对地形的任何变化都很"敏感"。

气压式高度表是主要的航行仪表，它是一个高度灵敏的空盒气压表，但刻度盘上标出的是高度，另外有一个辅助刻度盘可显示气压，高度和气压都可通过旋钮调定。气压式高度表刻度盘是在标准大气条件下按气压随高度的变化规律而确定的，即气压式高度表所测量的是气压，根据标准大气中气压与高度的关系，就可以表示高度。

飞行中常用的气压高度有以下几种。

1）场面气压高度（QFE）：它是飞机相对于起飞或着陆机场跑道的高度。为使气压式高度表指示场面气压高度，飞行员需按场面气压来拨正气压式高度表，将气压式高度表的气压刻度拨正到场面气压值上。

2）标准海平面气压高度（QNE）：它是指相对于标准海平面（气压为 760mmHg 或 1013.25hPa）的高度。飞机在航线上飞行时，都要按标准海平面气压调整高度表，目的是使所有在航线上飞行的飞机都有相同的"零点"高度，并按此保持规定的航线仪表高度飞行，以避免飞机在空中相撞。

3）修正海平面气压高度（QNH）：如果按修正海平面气压拨正气压式高度表，则高度表将显示修正海平面气压高度。在飞机着陆时，将高度表指示高度减去机场标高就等于飞机距机场跑道面的高度。

3. 空气湿度

大气中含有水蒸气，大气中的水蒸气含量是随时间、地点、高度、天气条件而不断变化的。空气湿度就是用来量度空气中的水蒸气含量或者空气潮湿程度的物理量。

二、大气层划分

大气层无明显的上限，它的各种特性在铅垂方向上的差异非常明显，如空气随高度增加而很快趋于稀薄。以大气中温度随高度的分布为主要依据，可将大气层划分为对流层、平流层、中间层、热层和散逸层，如图 1-24 所示。航空器的大气飞行环境是对流层和平流层。大气层对飞行有很大的影响，恶劣的天气条件会危及飞行安全，大气属性（温度、压力、湿度、风向、风速等）对飞机飞行性能和飞行航迹也会产生不同程度的影响。

1. 对流层

对流层是地球大气中最低的一层，对流层中气温随高度增加而降低，空气的对流运动极为明显，空气温度和湿度的水平分布也很不均匀。对流层的厚度随纬度和季节变化，一般低纬度地区平均为 16~18km，中纬度地区平均为 10~12km，高纬度地区平均为 8~9km。就季节而言，我国绝大部分地区一般都是夏季对流层厚，冬季对流层薄。对流层集中了全部大气约 3/4 的质量和几乎全部的水蒸气，是天气变化最复杂的层次，也是对飞行影响最重要的层次。飞行中所遇到的各种重要天气现象几乎都出现在这一层中，如雷暴、浓雾、低云幕、雨、雪、大气湍流、风切变等。对流层按气流和天气现象分布的特点，又可分为下层、中层和上层 3 个层次。

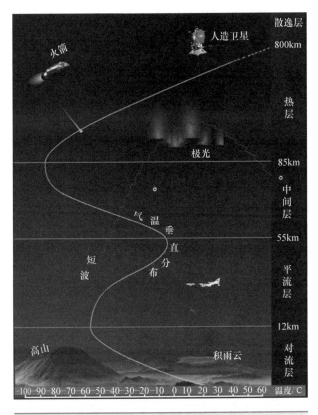

图 1-24 大气层划分情况

（1）对流层下层 对流层下层又称摩擦层，它的范围自地面到 1~2km 的高度，但在各地的实际高度又与地表性质、季节等因素有关。一般说来，其高度在粗糙地表上高于平整地表上，夏季高于冬季（北半球），昼间高于夜间。在对流层下层，气流受地面摩擦作用很大，风速通常随高度增加而增大。在复杂的地形和恶劣天气条件下，常存在剧烈的气流扰动，威胁着飞行安全，突发的下冲气流和强烈的低空风切变常会引起飞机失事。另外，充沛的水蒸气和尘埃往往导致浓雾和其他恶化能见度的现象，对飞机的起飞和着陆构成严重的障碍。为了确保飞行安全，每个机场都规定有各类飞机的起降气象条件。另外，对流层下层中气温的日变化极为明显，昼夜温差可达 10~40℃。

（2）对流层中层 它的底界即对流层下层顶，上界高度约为 6km，这一层受地表的影响远小于对流层下层。大气中的云和降水现象大都发生在这一层内。对流层中层的上部，气压通常只有地面的一半，在那里飞行时需要使用氧气。一般轻型运输机、直升机等常在这一层中飞行。

（3）对流层上层　它的范围从 6km 高度伸展到对流层的顶部，这一层的气温常年都在 0℃ 以下，水蒸气含量很少，各种云都由冰晶或过冷却水滴组成。在中纬度和副热带地区，这一层中常有风速等于或大于 30m/s 的强风带，即所谓的高空急流。飞机在高空急流附近飞行时往往会遇到强烈颠簸，使乘员不适，甚至破坏飞机结构和威胁飞行安全。

在对流层和平流层之间，还有一个厚度为数百米到 2km 的过渡层，称为对流层顶。对流层顶对垂直气流有很大的阻挡作用。上升的水蒸气、尘粒等多聚集其下，那里的能见度往往较低。

2. 平流层

平流层位于对流层顶之上，顶界伸展到 50~55km 高度。在平流层内，随着高度的增加气温最初保持不变或微有上升，到 30km 高度以上气温升高较快，到了平流层顶气温升至 270~290K。平流层的这种气温分布特征同它受地面影响小和存在大量臭氧（臭氧能直接吸收太阳辐射）有关。平流层过去常被称为同温层，实际上指的是平流层的下部。在平流层中，空气的垂直运动远比对流层弱，水蒸气和尘粒含量也较少，因而气流比较平缓，能见度较高。对于飞行来说，平流层气流平稳、空气阻力小是有利的一面，但因平流层空气稀薄，飞行器的稳定性和操纵性变差，这又是不利的一面。高性能的现代歼击机和侦察机都能在平流层中飞行。随着飞机飞行高度上限的日益增加和火箭、导弹技术的发展，对平流层的研究日趋重要。

3. 中间层

中间层从平流层顶伸展到 80~85km 高度。这一层的特点是气温随高度增加而下降，空气有相当强烈的垂直运动。在这一层的顶部，气温可低至 160~190K。

4. 热层

热层又称为暖层或电离层，范围从中间层顶伸展到约 800km 高度。这一层的空气密度很小，声波也难以传播。热层的一个特征是气温随高度增加而上升，另一个重要特征是空气处于高度电离状态。热层的变化会影响飞行器的无线电通信。

5. 散逸层

散逸层又称逃逸层、外大气层，是地球大气的最外层，位于热层之上。散逸层的空气极其稀薄，同时又远离地面，受地球的引力作用较小，因而大气分子不断地向星际空间逃逸。航天器脱离这一层后便进入太空飞行。

三、大气压力

地球表面有一层厚厚的大气层，由于地球引力的作用，大气被"吸"向地球，虽然空气很轻，但仍有质量，于是就产生了力，它作用于物体的效果就是压力。著名的马德堡半球实验就证明了大气压力的存在。可以说，大气压力是地球引力作用的结果。

四、大气压力的度量

大气压力通常以水银气压计的毫米汞柱（mmHg）来度量。如图 1-25 所示，水银气压计通过测量玻璃管内水银柱的高度来度量大气压力。一部分水银暴露在大气压力下，大气对水银施加一个力。压力增加迫使玻璃管内的水银上升，压力下降时水银柱的高度降低。此类气压计通常在实验室或者天气观测站使用，其缺点是不易运输且读数困难。

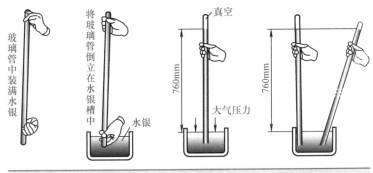

图 1-25　大气压力度量

实际大气状态是不断变化着的，而飞机的性能和某些仪表（高度表、空速表等）的示度，都与大气状态有关。为了便于比较飞机性能和设计仪表，必须以一定的大气状态为标准。目前由国际民航组织统一采用的标准海平面大气压力为 760mmHg(1013.25hPa)。海平面温度为 59F(15℃)，海平面空气标准密度为 1.225kg/m³。

大气测量的基本单位为帕斯卡（Pa），此外还有百帕（hPa）、毫巴（mbar），其换算关系为 1mbar=1hPa=100Pa，因此标准海平面大气压力也为 1013.25mbar。典型毫巴压力表的读数范围为 950~1040mbar，恒定压力图表和飓风压力报告是使用毫巴来表示的。

国际标准与我国北纬 46 度（46ºN）地区的大气十分接近，低纬度则有较大的偏差。取大气 30km 以下部分作为标准大气，其特性规定如下：

1）干洁大气，且成分不随高度改变，平均相对分子质量为 28.9644。

2）具有理想气体性质。

3）标准海平面重力加速度为 $g = 9.80665$m/s²。

4）海平面绝对温度为 $T = 288.150$K=15℃，海平面空气密度为 $\rho = 1.2250$kg/m³，海平面压力为 P_0=1013.25hPa=760mmHg=1 个标准大气压。

5）海拔在 11000m 以下时，气温直减率为 0.65℃ /100m；海拔为 11000~20000m 时，气温不变，为 −56.5℃；海拔为 20000~30000m 时，气温直减率为 −0.1℃ /100m。

五、海拔对大气压力、飞机性能的影响

随着海拔升高，空气变得稀薄，大气压力也随之降低。一般来说，高度每增加 1000ft

（1ft = 0.3048m），大气压力就会降低 1mmHg。海平面压力是指单位面积上从海平面到大气上界空气柱的重量，平均海平面压力资料是气候以及天气分析中的一项基本资料。分布于全球的气象站，为了提供一个记录和报告的标准，在将当地大气压力转化为海平面压力时按照海拔高度每上升 1000ft 就近似增加 1inHg（25.4mmHg）的规则进行换算。例如一个位于海拔高度为 5000ft 的气象站，其大气压力读数为 24.92inHg，那么报告的海平面气压读数为 29.92inHg。使用公共的海平面压力读数可以确保基于当前压力读数的飞机高度计的设定是准确的。

大气压力的降低对飞机性能有显著的影响。在较高的高度，由于大气压力降低，起飞和着陆距离会增加，爬升率也会减小。

飞机起飞时，升力必须通过机翼周围的空气流动产生。如果空气稀薄，就需要更大的速度来获得足够的起飞升力，因此地面滑跑距离就会延长。

六、空气密度的影响

气温、气压和空气湿度的变化都会对飞机性能和仪表指示造成一定的影响，这种影响主要通过它们对空气密度的影响而实现。空气密度与气压成正比，与气温成反比。对局部空气而言，气温变化幅度比气压变化幅度要大得多，因此空气密度的变化主要由气温变化引起。

飞机的飞行性能主要受大气密度的影响。例如，当实际大气密度大于标准大气密度时，一方面空气作用于飞机上的力要加大，另一方面发动机功率增大，推力也增大。这两方面作用的结果是会使飞机的飞行性能变好，即最大平飞速度、最大爬升率和起飞载质量会增大，而飞机起飞、着陆的滑跑距离会缩短。当实际大气密度小于标准大气密度时，情况则相反。

第三节　低速气流特性

所谓低速气流，是指流动速度小于 0.3 倍声速的气流。所谓气流特性，是指流动中的空气，其压强、密度、温度及流管粗细与气流速度之间相互变化的关系。

一、流场的概念

1. 流体

气体和液体统称为流体。气体和液体的共同点是不能保持一定形状，具有流动性。气体和液体的不同点表现在液体具有一定的体积，不可压缩，而气体可以压缩。

需要指出的是，当所研究的问题并不涉及压缩性时，所建立的流体力学规律，既适用于液体也适用于气体。当涉及压缩性时，气体和液体就必须分别处理。气体虽然是可压缩的，但在许多工程中，当气体的压力和温度变化不大，气流速度远小于声速（如马赫数 $Ma<0.3$）时，可以忽略气体的压缩性，这时即把气体视为不可压缩的流体。

2. 流场

把流体所占据的空间称为流场，用以表示流体特性的物理量（称为流体的运动参数），如速度、温度、压强、密度等。所以，流场又是分布上述运动参数的场。

3. 定常流动与非定常流动

根据运动参数是否随时间变化，可以将流动分为定常流动与非定常流动。

如果流场中液体的运动参数不仅随位置变化而变化，还随时间变化而变化，这样的流动就称为非定常流动。

如果流场中流体的运动参数只随位置改变而与时间无关，这样的流动则称为定常流动。

4. 流线

流线是流场中某一瞬间的一条空间曲线，在该线上各点的流体质点所具有的速度方向与曲线在该点的切线方向重合，如图1-26所示。

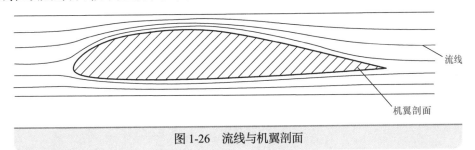

图1-26　流线与机翼剖面

流线具有以下特征。

1）非定常流动时，由于流场中流速随时间改变，经过同一点的流线的空间方向和形状是随时间改变的。

2）定常流动时，流场中各点流速不随时间改变，所以同一点的流线始终保持不变，且流线与迹线（流场中流体质点在一段时间内运动的轨迹）重合。

3）流线不能相交，也不能折转。因为空间每一点只能有一个速度方向，所以不能有两条流线同时通过同一点。

4）流场中的每一点都有流线通过。由这些流线构成的流场的总体，称为流线谱，简称流谱。

5. 流管与流束

在流场中任意画一封闭曲线，在该曲线上的一点做流线，由这些流线所围成的管状曲面，称为流管，如图1-27所示。

由于流管表面由流线围成，而流线不能相交，因此流体不能穿出或穿入流管表面。在流体稳定流动时，流管就像一根真实的管子。充满在流管内的流体称为流束。

图1-27　流管

二、运动的转换

当飞机在原来静止的空气中匀速直线飞行时，将导致飞机周围的空气运动，同时空气将给飞机以作用力。

此处将用到两个坐标系：一个是静止坐标系，用于利用牛顿定律分析空气对飞机的作用力；另一个是动坐标系，用于分析飞行中的飞机对空气的作用力。这两个坐标系产生的作用力是相对的，而用这两个坐标系求得的飞机所受的力是完全相同的。这就是运动的转换原理。

利用运动的转换原理，可以将对空气动力学的研究大为简化。

三、连续性定理

质量守恒定律是自然界的基本定律之一，它说明物质既不会消失也不会凭空增加。如果把这个定律应用在流体的流动上，就可以得出这样的结论：当流体低速、稳定、连续不断地流动时，流管内任一部分的流体都不能中断或积聚，在同一时间内，流进任何一个截面的流体质量和从另一个截面流出的流体质量应当相等。

如图 1-28 所示，设截面 I 的面积为 F_1，流速为 v_1，流体密度为 ρ_1，则单位时间内流进该截面的流体质量为

$$m_1 = \rho_1 v_1 F_1 \tag{1-1}$$

同理，设截面 II 的面积为 F_2，流速为 v_2，流体密度为 ρ_2，则单位时间内流进该截面的流体质量为

$$m_2 = \rho_2 v_2 F_2 \tag{1-2}$$

根据质量守恒定律，有 $m_1 = m_2$，即

$$\rho_1 v_1 F_1 = \rho_2 v_2 F_2 \tag{1-3}$$

由于截面 I 和截面 II 是任意选取的，所以可以认为单位时间内流过任何截面的流体质量都是相等的，故有

$$\rho v F = 常数 \tag{1-4}$$

式中，v 为流管截面上的流体速度（m/s）；F 为所取截面的面积（m²）。

如果在流动过程中流体密度不变，即 $\rho_1 = \rho_2 = \rho$，则式（1-4）可简化为

$$v F = 常数 \tag{1-5}$$

式（1-4）或式（1-5）称为连续性方程，进一步可写成

$$\frac{v_1}{v_2} = \frac{F_2}{F_1} \tag{1-6}$$

式（1-6）说明了流体流动速度和流管截面积之间的关系。由此可知，当低速定常流动

时，流体速度的大小与流管的截面积成反比，这就是连续性定理。也可以粗略地说，截面积小的位置流速快，而截面积大的位置流速慢。

流体流动速度的快慢，可用流管中流线的疏密程度来表示（图 1-29，图中 p_1、p_2、p_3 表示压力）。流线密的位置表示流管细，流体流速快，反之则慢。

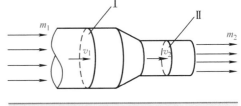

图 1-28　质量守恒定律

需要指出的是，连续性定理只适用于低速（马赫数 $Ma < 0.3$），即认为密度不变，不适用于亚声速，更不适用于超声速。

图 1-29　流管中流体的流动

第四节　高速气流特性

一、空气的压缩性

1. 空气的压缩性与飞行速度的关系

高速气流之所以与低速气流有很大的差别，其根本原因是空气具有压缩性。空气由于压力、温度等条件改变而引起密度的变化称为空气的压缩性。空气具有压缩性会引起一系列问题，如弱扰动的传播、高速气流中压力和流速随流管截面积的变化而变化、激波等。

在高速度情况下，气流速度变化引起的空气密度变化的效果显著增强，这会引起空气动力发生额外的变化，甚至引起空气动力规律的改变，这就是高速气流特性区别于低速气流的根本点。空气密度随飞行速度变化的关系见表1-1。

表1-1 空气密度随飞行速度变化的关系

飞行速度 / (m/s)	200	400	600	800	1000	1200
空气密度增加的百分比	1.3%	5.3%	12.2%	22.3%	45.8%	56.6%

2. 空气的压缩性与温度的关系

空气本身温度越高，越不易被压缩。这种现象是空气分子热运动影响的结果。温度越高，空气分子的整运动速度越大，在外界压力改变量相同的条件下，体积变化越小，密度变化也越小，空气压缩性较小。气体温度越高，其抵抗外界压缩的能力越强，越难被压缩。

二、激波

1. 激波的概念

飞机以超声速飞行时，沿途的空气来不及让开，物体与空气骤然相遇，空气突然产生强烈压缩，形成一个强烈的扰动，扰动锥前、后即受扰动的空气与尚未受到扰动的空气之间有一个压力、密度、温度等参数都相差很大的分界面，这个分界面称为激波，如图1-30所示。

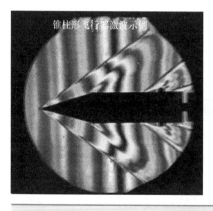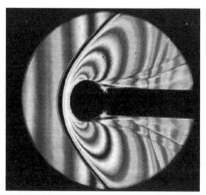

图1-30 激波

激波前、后压力差相当大，当飞机以超声速掠空而过时，机头和机翼都会产生激波，使激波后面的空气压力增大很多，在激波经过瞬间，地面将产生炸弹爆炸般的振动声，这就是通常所说的超声速"音爆"，如图1-31所示。

图 1-31 音爆

2. 激波的种类

（1）正激波　波面与气流方向垂直的激波称为正激波。气流流过正激波时，压力、密度和温度都突然升高，流速由超声速降为亚声速，但气流方向不变，在同一马赫数下，正激波是最强的激波。

正激波的形成过程：如图 1-32 所示，直圆管在活塞右侧是无限延伸的，开始时管道中充满静止气体，如图 1-32a，活塞向右突然做加速运动，在一段时间内速度逐步加大到 v，然后以等速 v 运动。靠近活塞表面的气体依次被微弱扰动，这些扰动波一个个向右传播。如图 1-32b 所示，当活塞不断向右加速时，一道接一道的扰动波向右传播，而且后续波的波速总是大于现行波的波速，所以后面的波一定能追上前面的波。如图 1-32c 所示，无数个小扰动弱波叠加在一起形成一个压缩波，这就是正激波。

图 1-33 所示为激波的传播速度。激波向右的传播速度为 v_s，激波后气体的运动速度则为活塞向右移动的速度，如图 1-33a 所示；当把坐标系建立在激波面上时，激波前的气体以速度 v_1 向左流向激波，经过激波后气体运动速度为 v_2，如图 1-33b 所示。

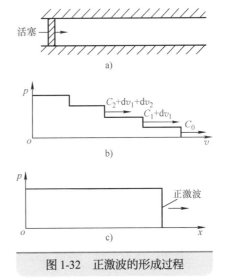

图 1-32　正激波的形成过程

图 1-33　激波的传播速度

（2）斜激波　如图 1-34 所示，波面与气流方向倾斜的激波称为斜激波。空气通过斜激波时，压力、密度、温度也突然升高，但不像通过正激波那样强烈，气体流速降低，可能降为亚声速，也可能仍为超声速，通过斜激波后，气流方向要向外转折。

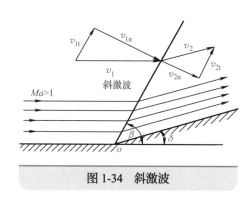

图 1-34　斜激波

当超声速气流流过图 1-34 所示的凹壁面时，将产生斜激波，气流的速度由超声速变为亚声速，而且流动的方向也将发生变化。壁面的转折角为 δ（图中用 v 下标 1 和 2 分别表示波前和波后、n 和 t 分别表示与激波面垂直和平行的速度分量），激波与波前壁面的交角称为激波角，即图 1-34 中 β。

当超声速流流过凸曲面或凸折面时，通道面积加大，气流发生膨胀，而在膨胀开始因受扰动而产生马赫波。这种受扰后气流压力下降、速度增大的马赫波称为膨胀波。

膨胀波的特点如下：

1）超声速来流为定常二维流动，在壁面折转处必定产生一个扇形膨胀波组，此扇形膨胀波组是由无限多的马赫波所组成的。

2）经过膨胀波组时，气流参数是连续变化的，其速度增大，压力、密度和温度相应减小，流动过程为绝热等熵的膨胀过程。

3）气流通过膨胀波组后，将平行于壁面流动。

4）沿膨胀波束的任一条马赫线，气流参数不变，故每条马赫线也是等压线，而且马赫线是一条直线。

5）膨胀波束中任一点的速度大小仅与该点的气流方向有关。

练习题

1. 固定翼无人机机身结构有哪几种?

2. 机翼的作用是什么?

3. 多旋翼无人机由哪几部分组成?

4. 无人直升机由哪几部分组成?

5. 无人飞艇的类型有哪些?

6. 大气层分为几层?

7. 对流层和平流层的特点各是什么?

8. 简述连续性定理。

9. 激波对飞机飞行有什么影响?

无人机
空气动力学基础

第二章

第一节 无人机空气动力学概述

无人机之所以能在大气中持续地飞行，主要是因为空气对其施加了反作用力（即升力）。学习无人机空气动力学最重要的是了解无人机所受到的压力、升力、阻力和力矩，以及无人机参数对这些空气动力的影响规律。

无人机主要在对流层和平流层飞行，此时无人机尺寸远大于气体分子的自由行程，因此无人机所处的介质是连续空气。对于无人机空气动力学，最重要的两个无量纲量——马赫数和雷诺数，它们分别体现了空气的压缩性和黏性特性。

马赫在研究物体在气体中高速运动时，发现了激波，确定了以物体速度与声速的比值（即马赫数）为标准，来描述物体的超声速运动。马赫效应、马赫波、马赫角等这些以马赫命名的术语，在空气动力学中广泛使用，这是马赫在力学上的历史性贡献。

马赫数定义为气流速度 v 和当地声速 c 的比值，记为 Ma，它反映了运动空气压缩性的大小。$Ma<0.3$ 时，运动空气密度的相对变化小于 5%，飞行速度处于低速范围，气流为不可压流，不需要考虑空气的压缩性效应。$0.3<Ma<0.8$ 时，飞行速度为亚声速范围，气流为可压流，需要考虑空气的压缩性。$0.8<Ma<1.2$ 时为跨声速范围，需要考虑激波阻力的影响。$Ma>1.2$ 时为超声速和高超声速范围。

目前，军用的固定翼无人机和市场上工业级的固定翼无人机的飞行速度都在低速、亚声速和高亚声速范围。无人直升机桨尖速度最高，它与桨叶直径和旋转速度相关，但也在亚声速范围内。多旋翼无人机桨叶直径较小，桨尖气流多为不可压流。因此，无人机所涉及的多为不可压空气动力学和亚声速空气动力学。

雷诺数 Re 定义为

$$Re = \rho v \frac{L}{\mu} \tag{2-1}$$

式中，ρ 为空气密度；v 为气流速度；L 为特征长度，一般取为无人机机翼的平均气动弦长，μ 为黏性系数，空气的标准值为 $1.789 \times 10^{-5} \mathrm{kg/m \cdot s^{-1}}$。

雷诺数表示了运动空气的惯性力和黏性力的比值。空气密度越小、速度越低或特征长度越小，雷诺数越小，表示黏性力的相对比值越大。因此，相对于民用航空飞机，大多数无人机都会遇到小雷诺数空气动力学问题。

对于飞行高度较小的微型和轻型无人机而言，由于飞行高度较小，空气密度与黏性系数是定值，式（2-1）可简化为

$$Re = 68500vL \tag{2-2}$$

其中 v 的单位是 m/s，L 的单位是 m。

以机翼平均气动弦长为特征长度，对于微型和轻型无人机而言，雷诺数量级一般为 $10^4 \sim 10^6$。

雷诺数越大,流经翼形表面的边界层越早从层流边界层过渡为紊流边界层,而紊流边界层不容易分离,也不容易失速;而雷诺数小的机翼边界层尚未从层流边界层过渡为紊流边界层时就先分离了,比较容易失速。

第二节 翼型空气动力学

一、翼型的几何特性

在固定翼无人机的各种飞行状态下,机翼是无人机产生升力的主要部件。如果平行于机身对称面在机翼展向任意位置剖切,产生的机翼剖面称为翼型或翼剖面,如图 2-1 所示。翼型设计是无人机设计中必不可少的一环,它直接影响固定翼无人机的空气动力学特性和飞行性能。

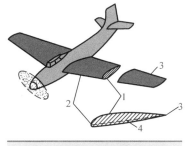

图 2-1 翼型

1—翼型 2—前缘 3—后缘 4—翼弦

1. 翼型的各部分名称

翼型的各部分名称如图 2-2 所示。

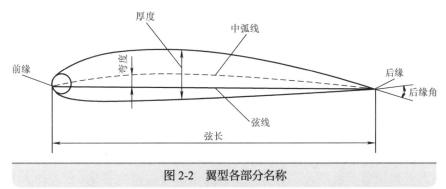

图 2-2 翼型各部分名称

(1)中弧线 中弧线为翼型上弧线和下弧线的中线。中弧线与弦线的高度差称为弯度,它直接影响升力的大小。

(2)前缘、后缘 翼型中弧线的最前点和最后点分别称为翼型的前缘和后缘。

(3)前缘半径 前缘弧线内切圆的半径称为前缘半径。前缘半径越小,气流越容易分离。

(4)后缘角 翼型上、下弧线在后缘处切线间的夹角称为后缘角。为了减小阻力,低速翼型一般为圆头尖尾,后缘角为锐角。

(5)弦线 连接翼型前缘顶点和后缘的直线称为弦线。弦线被前缘、后缘所截长度称为弦长。弦长是翼型的重要特征长度。雷诺数、无量纲升力系数等均以弦长来衡量。

(6)厚度 翼型上、下弧线的高度差称为厚度。最大厚度一般位于与前缘的距离占弦长 25% ~ 40% 处。厚度直接影响阻力大小。

在翼型平面上，把来流与弦线之间的夹角定义为翼型的迎角。对弦线而言，来流上偏为正、下偏为负，如图 2-3 所示。

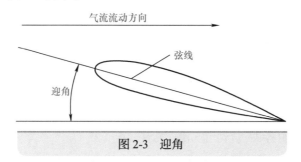

图 2-3　迎角

2. 翼型的种类

根据外形的不同，无人机常用翼型如图 2-4 所示。

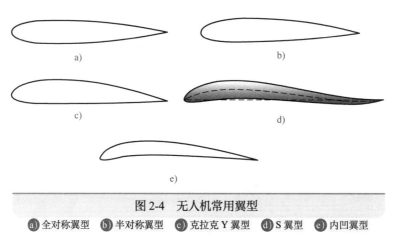

图 2-4　无人机常用翼型

a) 全对称翼型　b) 半对称翼型　c) 克拉克 Y 翼型　d) S 翼型　e) 内凹翼型

（1）全对称翼型　全对称翼型的上、下弧线均凸且对称，中弧线即为弦线，零升迎角时升力近似为零。由于具有对称性，该翼型经常应用在平尾中，如 NACA0012 和 NACA0015 翼型等。

（2）半对称翼型　半对称翼型的上、下弧线均凸但不对称，一般中弧线位于弦线上方，零升迎角为较小的负迎角，在低速无人机的机翼中较为常用。

（3）平凸翼型　平凸翼型的下弧线为直线，无人机中应用最多的平凸翼型是克拉克 Y 翼型。平凸翼型在低速飞行时升力较大，其最大特点是工艺性好，便于大量生产，因此在低速无人机与航空模型中得到了广泛的应用。

（4）S 翼型　S 翼型的中弧线呈一个平躺的 S 形，这类翼型因迎角改变时压力中心变动较小，升力较大，常用于飞翼布局无人机。

（5）内凹翼型　内凹翼型的下弧线在弦线上，中弧线高，升力系数大，常见于早期飞机及牵引滑翔机。

(6) 其他特种翼型 如直升机 OA 系列翼型等。

20 世纪初设计了很多低速飞机的翼型,如德国人奥托·利林塔尔设计并测试了 R.A.F.6,还有 Göttingen 398、Clark Y、NACA 翼型系列等,如图 2-5 所示。目前这些翼型在低速无人机和航空模型中得到了广泛的应用。尤其是 Clark Y 系列翼型,因其良好的可加工性,在微型和轻型无人机中得到了广泛应用。

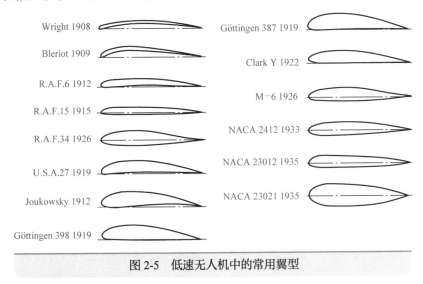

图 2-5 低速无人机中的常用翼型

二、伯努利定理

流体力学中有质量守恒定理、动量守恒定理和能量守恒定理。伯努利定理是低速翼型空气动力学的能量守恒定理,它的具体表达式为

$$p + \frac{1}{2}\rho v^2 = 常数 \tag{2-3}$$

式中,p 为流体压力;ρ 为流体密度;v 为流体流动速度。

伯努利定理表明,在没有能量损失的情况下,静压与动压之和保持不变,即动能和压力势能之和保持不变。该定理说明了运动的翼型表面空气动力产生的原因。

现对伯努利定理解释如下:低速圆头翼型在小迎角时,其绕流如图 2-6 所示。远方来流在经过翼型时,气流会分成两股,一股从翼型上表面流过,一股从翼型下表面流过。小迎角或正弯度会对翼型附近的空气流通通道产生影响,即上表面空气流通通道变窄,下表面空气流通通道变宽,如图 2-6a 所示。

已知流入单位体积的流体质量等于流出单位体积的流体质量。由于忽略低速流动空气的压缩性,即密度 ρ 为常数,导致流过翼型上表面的流速加快,流过翼型下表面的流速减慢,如图 2-6b 所示。根据伯努利定理,流速增加则单位体积的流体动能增加,相应的流体的压力势能就会降低,即上表面流体对翼型向下的压力会减小,反之,下表面对翼型向上的压力就会增加,如图 2-6c 所示,这种压力差会产生对翼型向上的空气动力作用。

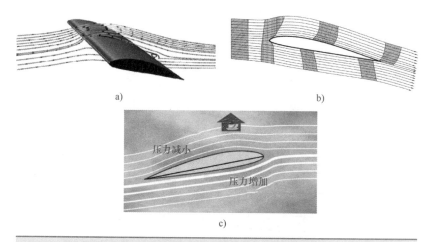

图 2-6 翼型绕流及空气动力产生的原因

ⓐ 上表面流通通道变窄,下表面流通通道变宽 ⓑ 上表面流速加快,下表面流速减慢
ⓒ 上表面压力减小,下表面压力增大

低速翼型绕流的总体流动特点如下:

1)小迎角时,绕翼型的流动是无分离的附着流动,在物面上的边界层和翼型后缘的尾迹区很薄。

2)空气经过翼型扰动会减速,流速为零的点(驻点)位于距翼型前缘点不远处,流经驻点的流线分成两部分,一部分从驻点起绕过前缘点经上翼面流去,另一部分从驻点起经下翼面顺翼型表面流去,在后缘处平滑地汇合后向下流去。

3)中弧线形状和翼型形状对改变空气速度分布有较大的影响,一般凸弯板比平板空气动力大,具有一定前缘半径和较好中弧线及厚度分布的翼型比弯板空气动力大。平板、弯板与翼型的空气动力对比如图 2-7 所示。

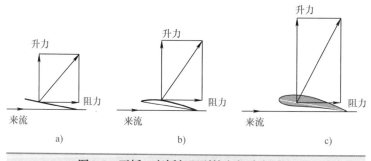

图 2-7 平板、弯板与翼型的空气动力对比

ⓐ 平板 ⓑ 弯板 ⓒ 翼型

高速翼型空气动力的产生原理与低速翼型相同,但是在具体计算数值时需要考虑空气压缩性等的影响。

三、受力

当气流绕过翼型时，在翼型表面上每点都作用有压力 p（垂直于翼面）和摩擦切应力 τ（与翼面相切），即作用有法向力 N 和切向力 A，它们将产生一个合力 R，合力的作用点称为压力中心，合力在来流方向的分量为阻力 D，在垂直于来流方向的分量为升力 L，如图 2-8 所示。

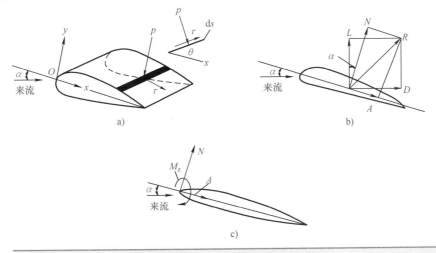

图 2-8　翼型升力、阻力和力矩示意图

ⓐ 压力和摩擦切应力　ⓑ 升力和阻力　ⓒ 力矩

翼型升力、阻力的表达式为

$$\begin{cases} L = N\cos\alpha - A\sin\alpha \\ D = N\sin\alpha + A\cos\alpha \end{cases} \tag{2-4}$$

空气动力矩的表达式为

$$M_z = -\oint(-p\cos\theta + \tau\sin\theta)x\mathrm{d}s + \oint(\tau\cos\theta + p\sin\theta)y\mathrm{d}s \tag{2-5}$$

式中，$\mathrm{d}s$ 为翼型上表面微元面积。

一般采用无量纲的升力系数、阻力系数和力矩系数来描述翼型的空气动力学特性。其无量纲化表达式如下：

升力系数 C_l 为

$$C_l = \frac{L}{\dfrac{1}{2}\rho_\infty v_\infty^2 b} \tag{2-6}$$

阻力系数 C_d 为

$$C_d = \frac{D}{\dfrac{1}{2}\rho_\infty v_\infty^2 b} \tag{2-7}$$

俯仰力矩系数 m_z 为

$$m_z = \frac{M_z}{\frac{1}{2}\rho_\infty v_\infty^2 b^2} \tag{2-8}$$

式中，ρ_∞ 为流体密度；v_∞ 为流速；b 为弦长。

当翼型确定以后，上述系数一般是雷诺数 Re、Ma 和迎角的函数。

空气动力矩不随迎角变化的点，称为翼型的气动中心，也称翼型的焦点，这个点对于全机的纵向稳定性非常重要。低速薄翼型的焦点约为 25% 弦长位置，大多数翼型在 23% ~ 24% 弦长位置，层流翼型在 26% ~ 27% 弦长位置。

对于低速翼型（$Ma < 0.3$），空气的压缩性可忽略不计，但必须考虑空气的黏性。因此，气动系数实际上是来流迎角和 Re 的函数。

对于高速流动（$Ma > 0.3$），压缩性对空气动力的影响较大，需要加以考虑。

关于升力系数，有如下几个概念。

（1）升力线斜率　如图 2-9 所示，在升力系数随迎角的变化曲线中，迎角较小时是一条直线，这条直线的斜率称为升力线斜率，记为

$$C_1^\alpha = \frac{dC_1}{d\alpha} \tag{2-9}$$

平板和薄翼的理论升力线斜率为 0.10965/（°），试验值略小，NACA 23012 翼型为 0.105/（°），NACA 631-212 翼型为 0.106/（°）。升力线斜率是衡量翼型升力特性好坏和选择翼型的重要参数。

（2）零升迎角　图 2-10 中 α_0 为零升迎角，对于有弯度的翼型，升力系数曲线是不通过原点的，通常把升力系数为零的迎角定义为零升迎角 α_0，而过后缘点与几何弦线的夹角为 α_0 的直线称为零升力线。一般弯度越大，α_0 越大。

图 2-9　升力系数曲线

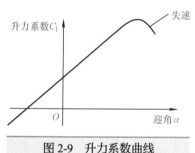

图 2-10　零升迎角

（3）失速迎角　当迎角大于一定的值之后，升力系数曲线就开始弯曲，逐渐达到其最大值，此值称为最大升力系数，对应的迎角称为失速迎角，也称临界迎角。继续增大迎角，升力系数反而开始下降。失速主要由于在迎角增大时，翼型上表面拟压区出现流动分离，导致升力损失。其原理如图 2-11 所示。

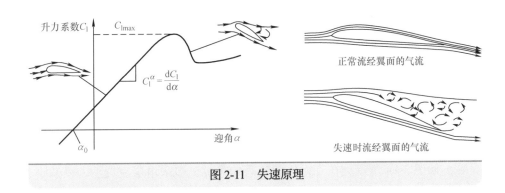

图 2-11　失速原理

阻力是阻碍飞机前进的力，如前所述，其是空气动力合力沿气流方向的分量，一般用无量纲的阻力系数来描述。

阻力系数曲线是阻力系数随迎角的变化曲线，一般呈抛物线形状，存在一个最小阻力系数。在小迎角时，翼型的阻力主要是摩擦阻力，阻力系数随迎角变化不大；在迎角较大时，出现了压差阻力的增量，阻力系数与迎角的二次方成正比。失速后，分离区扩及整个上翼面，阻力系数增大。

翼型阻力主要分为摩擦阻力、压差阻力和激波阻力（一般仅存在于高速无人机中），对于机翼还有诱导阻力，全机还有干扰阻力。摩擦阻力和压差阻力都与黏性有关，因此阻力系数与雷诺数存在密切的关系。一般雷诺数越大，阻力系数越小。图 2-12 所示为对应两种雷诺数（Re_1、Re_2）的阻力系数曲线。

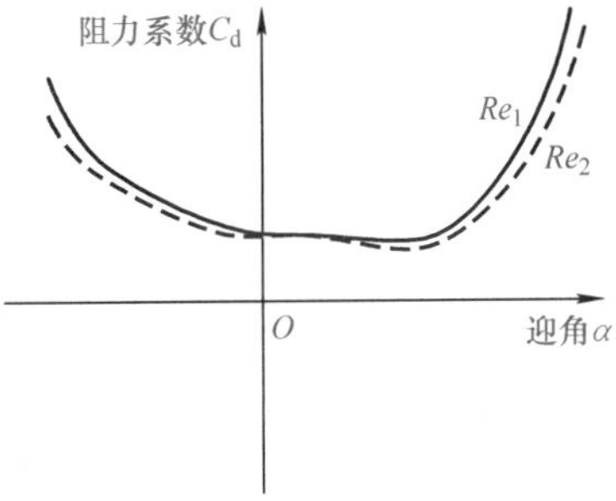

图 2-12　阻力系数曲线

（1）摩擦阻力　摩擦阻力由于空气的黏性而产生。当气流流过翼型表面时，由于空气具有黏性，空气微团与翼型发生摩擦，产生摩擦阻力。摩擦阻力主要存在于靠近翼型的一层薄薄的边界层内。边界层是指贴近翼型表面处，气流速度由层外主流区气流速度逐渐降低为零的那一层空气流动层，如图 2-13 所示。

边界层按其性质不同可分为层流边界层和紊流边界层。层流边界层指在翼型最大厚度处之前，边界层内的空气微团保持平行的层状运动，没有横向运动。紊流边界层指超过最大厚度处以后，空气微团出现旋涡和横向运动。层流转变为紊流的点称为转捩点，边界层与翼面分离的点称为分离点，如图 2-13 所示。紊流边界层的摩擦阻力比层流边界层的摩擦阻力大很多。

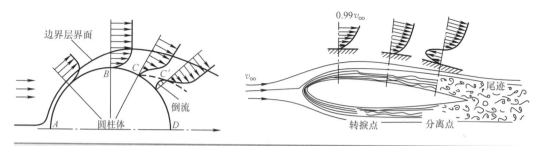

图 2-13　边界层内流速

影响摩擦阻力的因素有空气黏性、翼型表面积大小、翼型表面粗糙度及边界层的流动状态。一般地，空气黏性越大，翼型表面积越大，表面越粗糙，则摩擦阻力越大。如温度越高，空气黏性越大，则摩擦阻力越大。一般冬季摩擦阻力小，夏季摩擦阻力大。翼型表面越粗糙，摩擦阻力越大，因此一般将机翼表面制造得很光滑，如在微型无人机上使用热缩膜蒙膜等，如图 2-14 所示。在飞行速度较高的飞机上多采用层流翼型，以减小紊流边界层的摩擦阻力。

图 2-14　减小摩擦阻力的措施（表面蒙膜使表面保持光滑）

（2）压差阻力　压差阻力是指气流流过翼型时，在翼型前后产生的压力差引起的阻力。压差阻力产生的主要原因：空气流过翼型时，在翼型前缘部分流速减慢，压力增大，在气流流经翼型最高点时，速度增大，压力减小；流过最高点以后，气流减速，压力增大，阻碍气流流动，使边界层厚度增大，导致气流较易分离，在翼型后缘压力减小。这样，翼型前、后便产生压力差，形成阻力。压差阻力与翼型的迎风面积、形状和在气流中的相对位置有很大的关系。如图 2-15 所示，迎风面积越大，压差阻力越大；前端圆钝，后端尖细的流线型物体，压差阻力较小；翼型相对于气流的角度越大，压差阻力越大。

为了减小压差阻力，应尽可能将暴露在空气中的零部件做成流线型，并减小迎风面积。

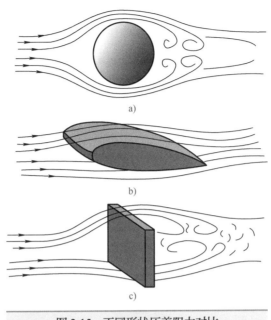

图 2-15　不同形状压差阻力对比

ⓐ 球体，产生中等压差阻力　ⓑ 翼型，产生较小的压差阻力　ⓒ 平板，产生较大的压差阻力

（3）诱导阻力　诱导阻力主要来源于有限展长机翼。由于翼展的长度是有限的，上、下翼面的压力差使得气流从下翼面绕过两端翼尖，向上翼面流动，并在翼尖处不断形成旋涡，如图 2-16 所示。

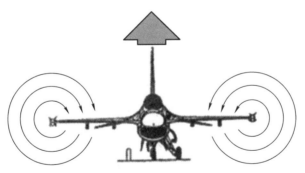

气流由下表面的高压区流向上表面的低压区

图 2-16　上、下翼面压力差产生翼尖涡

如图 2-17 所示，随着飞机向前方飞行，旋涡从翼尖向后方流动，产生下洗速度，相对气流产生下洗角，使得阻力分量增加。实际升力是和等效来流方向垂直的。把实际升力分解成垂直于飞行速度方向和平行于飞行速度方向的两个分力。垂直于飞行速度方向的分力仍起着升力的作用，平行于飞行速度方向的分力则起着阻碍飞机前进的作用，这一部分附加阻力称为诱导阻力。

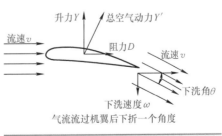

图 2-17　诱导阻力来源

诱导阻力的大小与机翼的升力和展弦比 λ 有很大的关系。升力越大，诱导阻力越大；展弦比越大，诱导阻力越小。图 2-18 所示为不同展弦比时升力系数曲线，无限展长机翼的诱导阻力为零，升力与翼型相同。为减小下洗速度的影响，可采取大的展弦比、梯形机翼及增设翼梢小翼等措施。

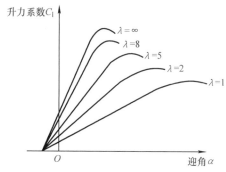

图 2-18　不同展弦比时升力系数曲线

（4）干扰阻力　干扰阻力主要来源于全机各部件之间的干扰，是由于流经飞机各部分之间的气流相互干扰而产生的一种额外阻力，如图 2-19 所示。当机翼和机身组合在一起时，机身的侧面和机翼翼面之间形成一个横截面积先收缩后扩张的通道，低速气流流过扩张通道时，因逆压梯度的作用使边界层产生严重的分离，出现额外的黏性压差阻力。

飞机的干扰阻力包括机翼和机身之间的干扰阻力，尾翼和机身之间的干扰阻力，以及机翼和尾翼之间的干扰阻力等。

在各部件连接处加装合适的整流片，是减小干扰阻力的有效措施。采用翼身融合体布局也可有效减小干扰阻力。一般来说，中单翼无人机的干扰阻力最小，下单翼无人机的干扰阻力最大，上单翼无人机的干扰阻力居中。但具体采用哪种机身机翼布局形式，还需考虑结构及工艺性、维护性。

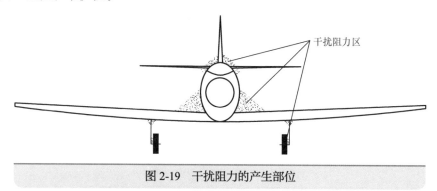

图 2-19　干扰阻力的产生部位

四、升阻比

升阻比是相同迎角下，升力系数与阻力系数之比，用 K 表示。

$$K = \frac{C_l}{C_d} \tag{2-10}$$

升阻比与翼型形状、迎角、雷诺数和马赫数相关。升阻比越大，翼型空气动力性能越好，也具有较好的爬升及滑翔性能。如在无动力情况下的升阻比就等于滑翔比，即下降单位高度所能滑翔前进的距离。升阻比在无动力滑翔机设计或太阳能无人机中非常关键。

升阻比与迎角密切相关。从零升迎角到最小阻力迎角，升力增加较快，阻力增加缓慢，因此升阻比增大，如图2-20所示。在最小阻力迎角处，升阻比最大。从最小阻力迎角到临界迎角，升力增加缓慢，阻力增加较快，因此升阻比减小。超过临近迎角后，压差阻力急剧增大，升阻比急剧减小。

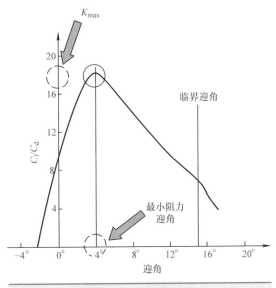

图2-20　升阻比曲线

一般翼型的升阻比远高于全机的升阻比。一般滑翔机和长航时无人机的升阻比能够达到30左右，小型无人机的升阻比约为10。固定翼无人机的巡航速度应尽量接近最大升阻比时的速度，因为此时航时较长，经济性较好。

五、空气动力特性的影响因素

影响翼型升力的因素有迎角、飞行速度、空气密度、翼型剖面形状。在翼型一定的情况下，一般主要是通过改变迎角和飞行速度来改变升力和阻力的。

1. 迎角

迎角增大时，一方面在机翼上表面前部流管变细，流速加快，压力减小，吸力增大。与此同时，在机翼下表面，气流受到阻挡，流管变粗，流速减慢，压力增大，升力增大。但是，另一方面，由于机翼上表面最低压力点的压力减小，后缘部分的压力比最低压力点的压力大得更多，于是在上表面后部的边界层中，空气向前倒流的趋势增强，气流分离点向前移动，分离区扩大，使升力减小。

在中、小迎角范围内，增大迎角时，分离点前移缓慢，分离区只占机翼很小的范围，对升力影响不大，迎角起主要作用。因此，在小于临界迎角的范围内，迎角增大，升力是增大的，到临界迎角，升力达到最大。超过临界迎角后，迎角再增大，则分离点迅速前移，分离区迅速扩大，机翼上表面前段流管变粗，流速减慢，吸力减小。从分离点到机翼后缘的分离区内，压力大致相同，比大气压力稍小。在靠近后缘的一段范围内，吸力略增大，所以超过临界迎角以后，迎角再增大，升力反而减小，如图 2-21 所示。

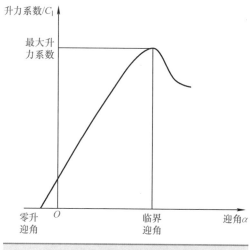

图 2-21　迎角对升力的影响

改变迎角，不仅升力大小要发生变化，而且压力中心也要产生移动。迎角由小逐渐增大时，由于机翼上表面前段吸力增大，所以压力中心前移。超过临界迎角以后，机翼前段和中段吸力减小，而机翼后段吸力稍有增加，因此压力中心后移。

2. 飞行速度

飞行速度越大，升力越大，且升力与飞行速度的二次方成正比。

飞行速度越大，机翼上表面的气流速度增大越快，压力减小越多。与此同时，机翼下表面的气流速度减小越多，压力也增大越多。于是，机翼上、下表面的压力差相应增大，升力也相应增大。

3. 空气密度

空气密度大，空气动力大，升力自然也大。这是因为空气密度增大，则当空气流过机翼，速度发生变化时，动压变化也大，作用在机翼上表面的吸力和作用在下表面的正压力均增大。因此，机翼的升力随空气密度的增大而增大。

在大气层中，高度升高，空气密度减小，升力也会减小。因此，高原上无人机的升力系数一般小于平原地区的升力系数。

六、翼型选择

如前所述，翼型形状对升力特性、阻力特性和最佳升阻比特性有较大的影响。要先确定无人机的用途、大小、质量、速度，再依翼面负载、雷诺数选择合适的翼型。

翼型参数包括前缘半径、中弧线、厚度、最大弯度、最大厚度、弦长等。对于低速飞行的无人机，前缘半径越小，在大迎角下气流越容易分离。前缘半径太大，阻力也会增加。

中弧线形状和厚度分布对翼型的空气动力学性能影响很大，中弧线最高点与弦线的距离一般是弦长的 4% ~ 8%，与前缘的距离一般是弦长的 25% ~ 50%。翼型厚度越大，阻力越大。一般低速无人机翼型最大厚度是弦长的 6% ~ 18%，薄翼型比较容易保持层流边界层，翼型最大厚度位置对上表面边界层位置的影响也较大。最大厚度越靠近前缘，转捩点位置越靠前。

翼型的相关数据包括形状的几何坐标，以及在某个展弦比及各种雷诺数下的升力系数、阻力系数，一般用极曲线表示，纵坐标大都是升力系数，横坐标是阻力系数，如图 2-22 所示。选择翼型时，一定要知道翼型的最佳升阻比。对几种翼型的极曲线的切线进行对比，切线斜率越大，翼型的升阻比就越高。这些曲线对翼型选择和飞行性能估算都有重要作用。

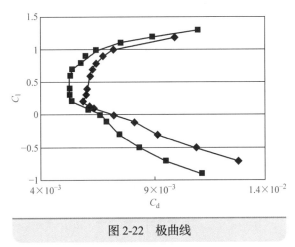

图 2-22　极曲线

在为新机型选择翼型时，一个简单的方法是以已有的成功翼型作为参考进行计算和修改。应根据巡航状态升力系数，选择阻力系数最小的翼型。

早期飞机的翼型，如哥廷根翼型、Clark Y 翼型、Eppler 翼型、NACA 四位数及五位数等翼型，在低速无人机、通用航空飞机和航空模型中均应用较多，可以根据需要进行选择或改进。另外，S 翼型也广泛应用于飞翼布局无人机中。平尾和垂尾需要在正负迎角和侧滑角状态下工作，因此一般选择对称翼型，如 NACA 四位数翼型。

第三节　机翼空气动力学

机翼的主要作用是产生升力，从而克服重力，维持无人机在空中飞行，同时机翼上的副翼、襟翼等操纵面也起到操纵作用。从二维的翼型到三维的机翼，对空气动力有较大影响的机翼参数主要是翼载荷、展弦比和机翼后掠角。机翼的主要几何参数如图 2-23 所示。

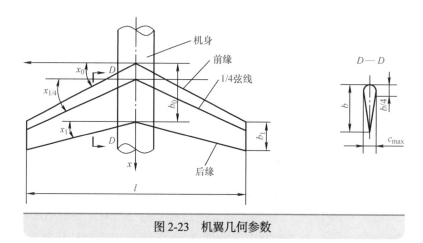

图 2-23　机翼几何参数

按形状分，常见的机翼有平直机翼、后掠机翼和三角翼，如图 2-24 所示。

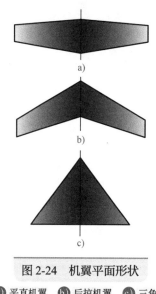

图 2-24　机翼平面形状

ⓐ 平直机翼　ⓑ 后掠机翼　ⓒ 三角翼

一、翼载荷

翼载荷也称翼面负载，是机翼每单位面积所承担的质量，它是无人机的关键指标之一。载荷越大，表明相同机翼面积要承受的质量越大，此时无人机的滑跑距离越长，抵抗突风干扰的能力也越强。同时，它也直接影响无人机的定直平飞速度：

$$v = \sqrt{\frac{2mg}{S\rho C_1}} \tag{2-11}$$

它表明在相同翼型下，翼载荷越大，定直平飞速度越快。从另一个方面来看：

$$v_{min} = \sqrt{\frac{2mg}{S\rho C_{1max}}} \tag{2-12}$$

即最小平飞速度为机翼接近失速迎角飞行。在翼型失速迎角一定的情况下，翼载荷越大，最小平飞速度也越大。典型无人机的翼载荷见表2-1。

表 2-1 典型无人机的翼载荷

无人机机型	起飞质量 /kg	翼面积 /m²	翼载荷 / (kg/m²)
全球鹰	10394	50.17	207.2
长空 -1	2060	8.55	240.9
捕食者	850	11.45	74.2
徘徊者	250	3.41	73.3
ASN-104	140	1.85	75.7
开拓者	218	2.4	90.8
Hermes	450	6.9	65.2
搜索者	240	4.427	54.2

二、展弦比

展弦比 λ 定义为翼展 l 除以平均弦长 b （$\lambda = l/b$）。展弦比对机翼升力的影响为：当机翼产生升力时，下表面压力向上，上表面压力向下，且下表面压力大于上表面。则在翼尖处，下表面的高压气流流向上表面，减小了翼尖附近的升力。同时，如前所述，有限展长机翼也是诱导阻力产生的重要来源。

因此，展弦比越大，翼尖效应对机翼升力的影响越小，理想情况是和翼型升阻特性相同。对于低速和亚声速无人机，机翼展弦比越大，升力线斜率和升阻比也越大。

翼尖涡（图 2-25）减小了翼尖处的有效迎角，增大了翼尖处的失速迎角。因此，在机翼展向各翼型扭转角相同的情况下，翼根比翼尖较易失速，这也是要设计机翼扭转的原因。一般翼尖剖面翼型与翼根剖面翼型的扭转角 ±3° 左右。另外，相同情况下，展弦比越大，机翼滚转方向转动惯量越大，滚转机动性越差，如图 2-25 所示。

图 2-25 翼尖涡

增大展弦比的目的是减小气流展向流动导致的翼尖涡，从而减小诱导阻力。在展弦比一定的情况下，可以对翼端进行整形处理，从而减小诱导阻力，如图 2-26 所示。

图 2-26 整形

1）把翼端整成圆弧状，让涡流离开翼端。

2）把下翼面往上翻卷，让涡流尽量离开翼端。

3）翼梢小翼。如图 2-27 所示，目前流行的做法，大部分小翼是向上伸的，但也有些是向下伸的，小翼的作用除了隔离翼端上、下的空气，减小诱导阻力外，还可提供向前的分力。

图 2-27　翼梢小翼位置

三、后掠角

后掠角是指机翼与机身轴线的垂线之间的夹角。后掠角又分为前缘后掠角（机翼前缘与机身轴线的垂线之间的夹角，一般用 χ_0 表示）、后缘后掠角（机翼后缘与机身轴线的垂线之间的夹角，一般用 χ_1 表示）及 1/4 弦线后掠角（机翼 1/4 弦线与机身轴线的垂线之间的夹角，一般用 $\chi_{1/4}$ 表示），如图 2-23 所示。

低速无人机上广泛采用大展弦比直机翼，高速无人机上采用各种展弦比和各种平面形状的后掠翼。后掠角对空气动力特性的影响主要为有效升力减小，流线呈现"S"形，气压分布发生改变，呈现"翼根效应"和"翼尖效应"。其主要原因如下：

如图 2-28 所示，设无限展长斜置机翼的后掠角为 χ，这时可将来流速度 v 分解为垂直于前缘的法向分速 $v_n = v\cos\chi$，以及平行于前缘的展向分速 $v_t = v\sin\chi$。展向分速 v_t 不影响机翼表面的压力分布，因而它对机翼的升力没有影响，而只有法向分速流经机翼时才会产生升力，这与来流以流速 $v\cos\chi$ 流过平直机翼相同，因此无限展长斜置机翼的空气动力特性仅取决于法向分量 v_n。

展向分速 v_t 虽然对机翼的升力特性无影响，但它会使气流流线在机翼表面发生改变。气流流经机翼时，展向分速 v_t 为常量，法向分速 v_n 变化如下：

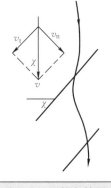

图 2-28　后掠角的影响

当气流从远前方流向机翼前缘时，其法向分速 v_n 受到阻滞而越来越小，致使气流的合速向左偏斜。

当气流从前缘流向最小压力点时，法向分速又逐渐增大，而展向分速仍保持不变，因此气流的合速变大并向右偏转。

当气流流过最小压力点时，法向分速又逐渐减小，致使气流的合速又向左偏转，因此，气流流经斜置翼时，流线就呈现"S"形。

同时，后掠翼由于有翼根和翼尖的存在，会引起"翼根效应"和"翼尖效应"，这将使后掠翼的气动特性和无限展长斜置机翼有所不同。

在翼根上表面的前段，流线偏离对称面，流管扩张变粗，而在后段流线向内偏斜，流管收缩变细。在低速或亚声速时，前段流管变粗，流速减慢，压力变大（吸力变小），而后段流管变细，流速加快，压力变小（吸力增大）。

翼尖部分的情况正好相反，在翼剖面前段吸力变大，后段吸力变小。因此，在翼根和翼尖处，沿弦向的压力系数分布将与半翼展中间部分的压力系数分布不同，如图 2-29 所示。

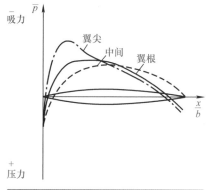

后掠机翼的"翼根效应"与"翼尖效应"导致翼弦的压力分布发生变化，这种变化在机翼上表面前段较为明显。由于上表面前段对升力贡献较大，"翼根效应"使翼根部分的升力系数减小，而"翼尖效应"使翼尖部分的升力系数增大。这对无人机结构设计会产生一定的影响，即后掠机翼

图 2-29　翼根效应和翼尖效应

无人机翼梢处气动力增大，需要适当加大梢部结构强度。后掠机翼剖面升力系数沿展向的分布如图 2-30 所示。

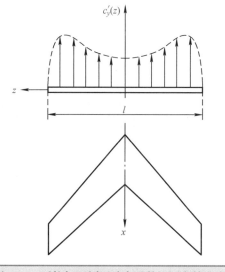

图 2-30　后掠机翼剖面升力系数沿展向的分布

四、根梢比

机翼根梢比定义为机翼根弦长与梢弦长的比值（$\eta = b_0/b_1$），长直机翼根梢比为 1，大部分低速无人机根梢比为 $1 \sim 3$，后掠机翼根梢比为 $2 \sim 6$。根梢比直接影响机翼升力沿展向的分布规律，其影响机理与后掠角相同。对于低速平直机翼，当 $\eta = 2.2$ 时可以产生诱导阻力最小的近似随缘升力分布。机翼后掠使空气流向外侧，翼尖载荷增大，为保持椭圆升力分布，应适当增大根梢比。

第四节　旋翼空气动力学

旋翼无人机指无人直升机和多旋翼无人机。与固定翼无人机不同，旋翼无人机中的旋翼既是升力面又是操纵面，同时提供前飞动力。

虽然多旋翼无人机和无人直升机在结构形式、飞行原理、操纵原理等方面有很大不同，但从产生升力的本质上来说，多旋翼无人机和无人直升机有很多相近之处。多旋翼无人机主要依靠每个旋翼上的螺旋桨叶片在旋转过程中产生升力，无人直升机主要依靠主旋翼上的桨叶在旋转过程中产生升力。旋转叶片是这两类无人机产生升力的重要部件，如图 2-31 所示。

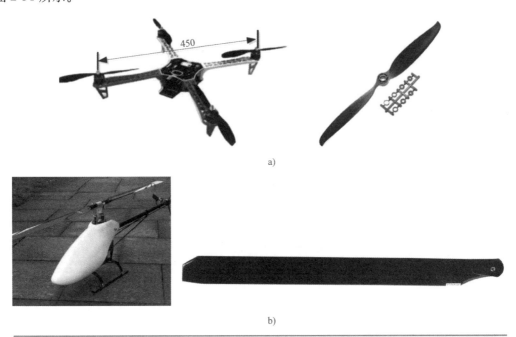

图 2-31　多旋翼无人机旋翼及螺旋桨和无人直升机旋翼及桨叶

a) 多旋翼无人机旋翼及螺旋桨　b) 无人直升机旋翼及桨叶

旋翼桨叶除了随机体一起做直线或曲线运动外，还要绕旋翼轴旋转，因此桨叶的空气动力现象比机翼复杂很多。无人直升机旋翼既是升力面又是操纵面，因此比多旋翼螺旋桨的运动更加复杂，涉及螺旋桨产生空气动力的典型原因。下面主要以无人直升机的翼型和旋翼说明其空气动力的主要特性。

一、旋翼翼型

旋翼翼型的定义与固定翼翼型相同，指桨叶在展向某个截面的剖面形状。与固定翼无人机机翼不同的是，旋翼桨叶有其特殊的翼型形状，并且翼型形状和扭转角随展向位置变化（图 2-32）。早期直升机桨叶的翼型为对称翼型，如 NACA 四位数翼型族。这种翼型在变距过程中气动中心保持不变，能够在旋转中保持稳定，并且操纵载荷最小。现在主要采用非对称翼型（图 2-33），这种翼型的压力中心随迎角的变化而移动，但可以通过扭转角的修正来产生和对称翼型相似的性能。这种翼型的升力特性更好，阻力发散马赫数有明显提高，如 ONERA 的 OA2 系列、OA3 系列、OA4 系列、OA5 系列，Boeing-Vertol 公司的 VR 系列，Sikorsky 公司的 SC 系列，DLR 的 DM-H 系列及俄罗斯的 TsAGI 系列等。

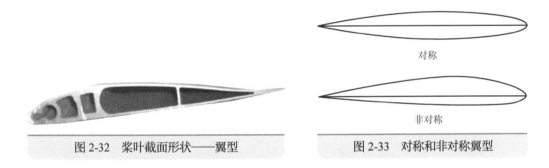

图 2-32　桨叶截面形状——翼型　　　　图 2-33　对称和非对称翼型

旋翼翼型空气动力的产生原理与固定翼翼型相同，由伯努利定理可以解释其升力产生的原因。其升力计算公式也与固定翼翼型相同，即

$$L = \frac{1}{2}\rho v^2 b C_1^{\alpha}\alpha \tag{2-13}$$

但对于旋翼翼型，式（2-13）中有两点与固定翼不同，一是速度 v，二是迎角 α。速度 v 不仅包含来流速度，也包含桨叶旋转速度，且桨叶每个剖面旋转引起的线速度均不同。迎角 α 不是指来流速度与翼型剖面的夹角，而是指合成速度与翼型剖面的夹角。并且由于旋翼既是升力面又是操纵面，变距操作会引起桨叶剖面角度的改变，同时影响每个时刻迎角的大小。对此解释如下：

假设无人直升机做垂直运动，翼型速度由两部分组成：一个是向上的垂直运动的空气流动，在给定的飞行条件下该气流保持不变；另一个是桨叶旋转引起的周向气流流动，每个展向位置的速度均不同，其方向与桨叶旋转运动方向相反，如图 2-34 所示。

旋翼在前飞运动中气流流速也为飞行速度与旋转速度的合速度，大小和方向时刻发生改变。悬停中的气流速度为旋转速度，其大小不变，方向时刻发生变化。

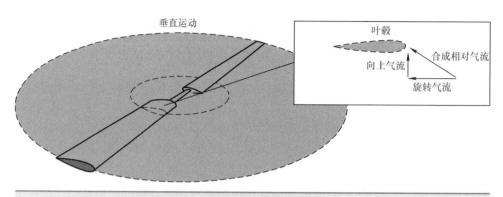

图 2-34　旋翼旋转合成速度示意图

迎角为气流流速与翼型弦线的夹角。如前所述，一方面合成气流方向与旋翼转速有关，导致迎角与不旋转的机翼的迎角有所不同。另一方面，总距操纵、横向周期变距操纵和纵向周期变距操纵会改变旋翼翼型弦线与旋转平面的夹角，这个角度称为变距角。综合这两方面因素，翼型的迎角在旋转运动过程中时刻发生变化。迎角与变距角的概念也不相同，如图 2-35 所示。

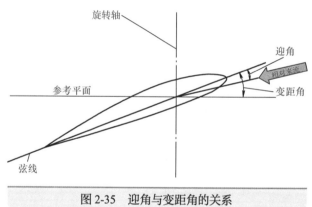

图 2-35　迎角与变距角的关系

二、旋翼空气动力学特性

旋翼同时具有固定翼无人机的升力作用、动力作用和操纵作用。

（1）升力作用　通过翼型产生升力，旋翼产生的向上升力用来克服直升机的重力，维持空中飞行。

（2）动力作用　通过挥舞运动，改变桨尖平面方向，旋翼产生的向前水平分力用来克服空气阻力，使直升机前进。

（3）操纵作用　通过变距操纵，旋翼产生其他分力及力矩，对直升机进行控制和机动飞行。

旋翼桨叶的空气动力特性分为三个方面：一是升力方面，最大升力系数要高，这样能延迟在后行工作区产生的失速；二是阻力方面，延缓前行桨叶的失速，可以降低气动阻力；三是力矩方面，为了降低交变载荷，气动力矩系数要小。

相比固定翼，旋翼桨叶的空气流动现象有以下特点。

1. 速度、迎角、空气动力从翼根到翼尖的变化

桨叶旋转会使不同的位置获得不同的相对来流速度，这样会导致在靠近桨尖部位的载荷最大。为了使桨叶在展向受力尽量保持均匀，制造桨叶时通常沿展向会有一个不同的初始迎角。一般在靠近根部的区域桨叶截面迎角较大，靠近尖部的区域截面迎角较小，如图 2-36 所示。

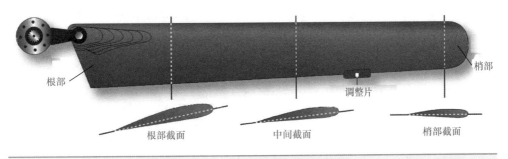

图 2-36 迎角沿桨叶展向的分布规律

桨叶做旋转运动，桨叶上的速度为

$$v = \omega r \tag{2-14}$$

式中，ω 为桨叶转速；r 为桨叶的展向位置旋转半径。

由式（2-14）可知，在悬停状态下，越靠近桨尖，速度越大，如图 2-37 所示。

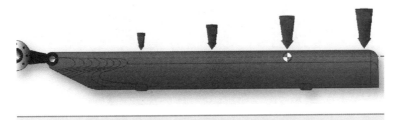

图 2-37 相对风速在桨叶展向位置上的分布

由于桨叶上的速度随展向位置变化，通常来说空气动力应该随速度的增加而增大，但桨尖速度可能达到亚声速、跨声速甚至超声速，这会导致桨尖产生失速，升力损失，阻力增加。由于桨尖升力损失，一般在桨尖处升力减小，如图 2-38 所示。

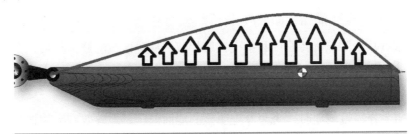

图 2-38 空气动力在翼型上的变化

在前飞时，旋翼桨叶的主要工作区包括前行桨叶工作区、后行桨叶工作区及悬停状态工作区，由于合成速度的影响，前行桨叶工作区的马赫数大，而后行桨叶工作区的马赫数小。

2. 桨根的反流区

在悬停状态，桨叶旋转一周，其上的空气动力分布基本保持不变。在翼根处，由于存在初始迎角和变距角，翼型在靠近桨根处的迎角可能较大，使桨根区域处于失速状态，如图 2-39 所示。

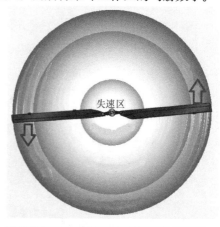

图 2-39　悬停时桨叶气流区域分布

当旋翼处于前飞状态时，由于存在前飞速度，在旋转过程中整个桨盘的空气动力不再对称。将桨盘分为两个区域，即桨叶前进区域和桨叶后退区域。在桨叶前进区域，由于旋转速度和前进速度叠加，桨叶相对来流速度增加，从而增大前进区域桨叶上的空气动力。在桨叶后退区域，由于桨叶后退速度和前飞速度相减，桨叶上的相对来流速度减小。尤其在桨叶后退区域的桨根处，由于前飞速度要大于根部速度，将在根部出现反流区，如图 2-40 所示。

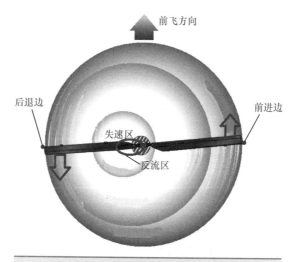

图 2-40　前飞时刻桨叶气流区域分布

3. 桨尖失速、桨尖涡和地面效应

由于在桨叶后退区域旋转速度和前飞速度相减，后退区域的升力损失，会造成桨盘升力不对称，此时为了保持升力对称，弥补升力损失，需要给桨叶一个较大的变距操纵，此时桨尖速度较大且处于较大迎角之下，则会出现翼尖失速情况。

当直升机悬停靠近地面时，将会产生明显的地面效应。地效效应会使直升机诱导阻力减小，同时能获得比空中飞行升阻比更高的流体力学效应：当运动的直升机距地面（或水面）很近时，整个桨盘的上、下压力差增大，升力会陡然增加，如图 2-41 所示。

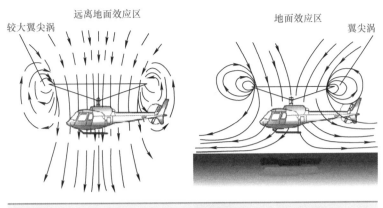

图 2-41　地面效应

4. 旋翼桨叶挥舞运动

直升机悬停时桨尖平面垂直于桨轴，旋翼旋转所产生的升力等于机身重力。悬停时由于在展向对应处的桨叶的来流速度不同，会导致展向力的分布相应不同。另外，由于桨叶受周期力的作用，导致桨尖在旋转时将同时绕桨毂做挥舞运动，如图 2-42 所示。

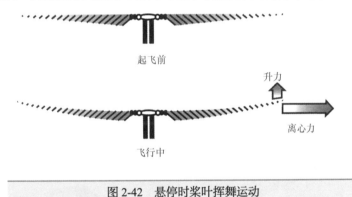

图 2-42　悬停时桨叶挥舞运动

第五节　牛顿定律与无人机受力

一、牛顿定律

在考虑固定翼无人机的飞行稳定性时，需要将其视为刚体，除了具有三个平动的自由度外，还具有绕机体轴转动的三个转动自由度。如果评价其飞行性能，则可以将无人机作为质点处理，只有三个平动自由度，此时牛顿定律可以解释无人机的多数飞行性能。

牛顿第一定律：在不受任何外力或所受外力之和为零的状态下，物体总保持匀速直线运动状态或是静止状态。

例如，无人机的定直平飞状态的飞行性能就可以利用牛顿第一定律来分析。在定直平飞状态下，无人机所受的合外力为零，即升力等于重力、推力等于阻力，此时无人机保持定直平飞状态，如图 2-43 所示。

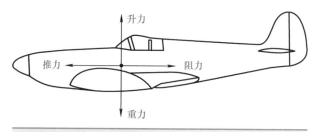

图 2-43　无人机定直平飞所受外力示意图

牛顿第二定律：物体所受到的合外力等于质量乘以加速度。其数学形式为

$$F = ma \tag{2-15}$$

式中，F 为合外力；m 为质量；a 为加速度。

例如，无人机的水平加、减速性能可以采用该定理进行解释。在水平加、减速时，垂直方向上的升力等于重力，水平方向上发动机克服阻力后的剩余推力提供无人机的水平加速特性。由式（2-15）可知，相同质量情况下，发动机推力越大，水平加、减速性能越好。相同发动机推力的情况下，质量越小，加、减速性能越好。

牛顿第三定律：两个物体之间的作用力与反作用力总是大小相等，方向相反，作用在一条直线上。

二、无人机受力

无人机飞行时所受到的主要作用力有升力、阻力、推力、重力，如图 2-44 所示。

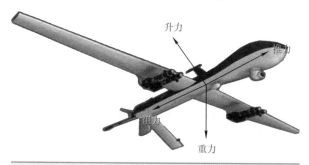

图 2-44　无人机飞行时受到的主要作用力

升力和阻力是空气动力的分量，主要由机翼产生。推力或拉力是维持固定翼无人机飞行的动力（在滑翔机中没有）。重力是具有质量的物体在地球引力的作用下产生的，方向始终竖直向下。维持固定翼无人机飞行的基本原理是升力克服重力，推力克服阻力。

作用于无人机的力若刚好平衡，此时无人机保持原来的状态，如定直平飞、上升或下降。若作用于无人机的力不平衡，则合外力不为零，依牛顿第二定律就会产生加速度，如沿机体轴的加速运动及绕机体轴的转动，如图 2-45 所示。

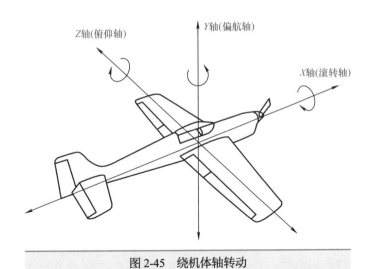

图2-45　绕机体轴转动

飞机等速直线飞行时，X方向的阻力与推力大小相等、方向相反，故X方向的合力为零，飞机速度不变；Y方向的升力与重力大小相等、方向相反，故Y方向的合力也为零，飞机不升降。因此，飞机会保持等速直线飞行，如图2-46所示。

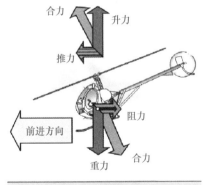

图2-46　直升机受力

升力、阻力、推力、重力的合力还会产生弯矩。弯矩不平衡会产生旋转加速度，对无人机来说，X轴弯矩不平衡飞机会滚转、Y轴弯矩不平衡飞机会偏航、Z轴弯矩不平衡飞机会俯仰，如图2-45所示。

第六节　高速气动特性

一、翼型的亚声速空气动力特性

亚声速的定义：飞行马赫数大于0.4，流场内各点的马赫数都小于1。

考虑空气密度随速度的变化，则翼型压力系数基本按同一系数放大，体现出"吸处更吸，压处更压"的特点。因此，升力系数增大，逆压梯度增大，压力中心前移，临界迎角减小，阻力系数基本不变，如图 2-47 所示。

飞行马赫数增大，升力系数和升力系数斜率增大，最大升力系数和临界迎角减小。

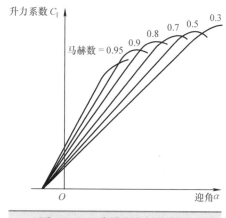

图 2-47　亚声速空气动力特性

二、翼型的跨声速空气动力特性

跨声速是指飞行速度未达到声速，但机翼表面局部已经出现超声速气流并伴随有激波的产生。机翼上表面气体流速大于飞行速度，因此当飞行马赫数小于 1 时，机翼上表面最低压力点的速度已达到了该点的局部声速（此点称为等声速点），此时的飞行马赫数称为临界马赫数（M_{CRIT}），飞行马赫数达到 M_{CRIT} 是机翼空气动力即将发生显著变化的标志。

1. 升力系数随飞行马赫数的变化

1）考虑空气的可压缩性，其上表面密度下降更多，产生附加吸力，升力系数 C_l 增加，且由于出现超声速区，使压力更小，附加吸力更大。

2）下翼面出现超声速区，且后移较上翼面快，下翼面产生较大的附加吸力，C_l 减小。

3）下翼面扩大到后缘，而上翼面超声速区还在后缘，上、下翼面的附加压力差增大，C_l 增大，如图 2-48 所示。

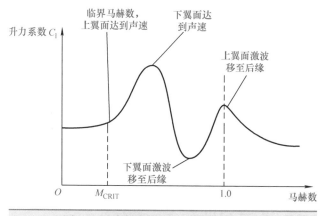

图 2-48　升力系数随飞行马赫数的变化

2. 最大升力系数和临界迎角随飞行马赫数的变化

当激波增强到一定程度时，阻力系数急剧增大，升力系数迅速减小，这种现象称为激波失速。随着飞行马赫数的增加，飞机将在更小的迎角下开始出现激波失速，导致临界迎角和最大升力系数继续降低，如图 2-49 所示。

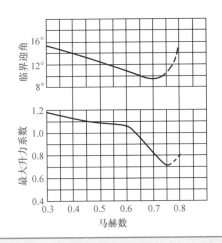

图 2-49　最大升力系数和临界迎角随飞行马赫数的变化

3. 翼型的跨声速阻力特性

当马赫数超过临界马赫数以后，机翼表面会出现局部超声速区和局部激波，飞行马赫数大于 1 后，机翼前缘可能出现头部激波，这时飞行阻力将明显增大。由于激波的存在而产生的阻力称为激波阻力。

三、翼型的超声速升力特性

在超声速阶段，马赫数增加，上翼面膨胀波后斜，弱扰动边界与波前气流的夹角 φ 减小，膨胀后的压力比 φ 不变而马赫数增加时降低得少。马赫数增加，下翼面激波后斜，激波角 β 减小，下翼面压力比 β 不变而马赫数增加时增加得少，总的效果使升力系数减小。飞行马赫数大于 1 后，阻力系数会下降，但阻力会随着马赫数的增加而增加。

练习题

1. 展弦比对机翼升力的影响有哪些？

2. 在展弦比一定的情况下，如何处理翼梢从而减小诱导阻力？

3. 旋翼的主要作用有哪些？

4. 相比固定翼，旋翼桨叶空气流动现象有哪些特点？

5. 简述翼型的跨声速空气动力特性。

固定翼
无人机基本飞行原理

第三章

第一节 固定翼无人机空气动力学

当翼型和机翼的平面形状确定以后，固定翼无人机的空气动力学特性主要由机翼、机身和尾翼的气动布局决定。其主要的气动布局参数包括机翼的上反角、安装角、机翼与机身的相对位置、尾翼的布局形式。这些布局形式不仅对全机的空气动力学性能有较大的影响，对无人机的飞行性能和无人机结构也有一定的影响。本节重点讲述气动布局形式对气动性能（升力、阻力、升阻比）的影响。

一、不同布局的气动特点

1. 正常式布局的气动特点

正常式布局指的是将飞机的水平尾翼和垂直尾翼都放在机翼后面、飞机尾部的气动布局形式。这种布局的飞机的机翼，无论是平直翼、后掠翼还是三角翼，都是产生升力的重要部件，并普遍采用前三点式的起落架。这种布局一直沿用到现在，也是现代飞机经常采用的气动布局，因此称之为正常式布局，也称为常规布局，如图3-1所示。

图 3-1 正常式布局

2. 鸭式布局的气动特点

1903年，莱特兄弟发明的第一架飞机就是将操纵面放在机翼之前，也就是现在所说的鸭式布局。但那时候人们对空气动力学还缺乏基本的研究，也不了解飞机稳定性的要求，因此飞行遇到了重重困难。

随着人们对飞机稳定性和操纵性了解的逐渐深入，后来的飞机大都采用正常式布局。因为鸭翼容易失速，将它作为纵向平衡和操纵的主要操纵面是不利的，因而鸭式布局没有得到广泛应用。而正常式布局飞机特别适合于初期的螺旋桨飞机，因为发动机、螺旋桨和飞行员都在飞机的前部，平尾可以具有很大的力臂，另外平尾处于机翼的下洗流场和螺旋桨的滑流中，对平尾的平衡能力和操纵效率都有利。鸭式布局如图3-2所示。

随着飞机的飞行速度达到超声速，机翼采用大后掠角引起飞机气动中心后移，同时发动机功率增大导致发动机质量增加，而大多数军用飞机的发动机都安装在机身后部，这些因素使飞机的重心越来越靠后，平尾力臂不断减小，这就需要

图 3-2 鸭式布局

增大平尾面积，因而导致重心后移和增加平尾面积的恶性循环。而鸭式布局飞机的鸭翼在后掠机翼的前面，可以得到较长的力臂，因而有较好的操纵性，加之主动控制技术的发展和电传操纵技术的日趋成熟，鸭式布局又引起人们的重视，特别是对于军用飞机。例如，美国在 20 世纪 60 年代研制的可以在高度为 21500m 时以马赫数 3 飞行的试验轰炸机 XB-70 就采用了鸭式布局。

根据鸭翼与机翼的相对位置，鸭式布局可以分为远距鸭式布局和近距鸭式布局两种形式，如图 3-3 所示。而图 3-4 所示则是采用近距鸭式布局的瑞典 JAS-39 飞机。

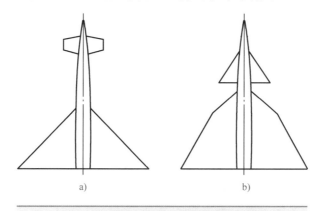

图 3-3　远距鸭式和近距鸭式布局示意图

a) 远距鸭式布局　b) 近距鸭式布局

图 3-4　JAS-39 飞机

无论是远距鸭式布局还是近距鸭式布局，飞机受力更为合理。与正常式布局的飞机相比，其受力形式大不相同。对于静稳定的飞机，重心在气动中心之前，平尾的平衡力方向向下，对全机来说起着降低升力的作用，而鸭式布局的飞机则相反，鸭翼的平衡力向上，提高了全机的升力，如图 3-5 所示。

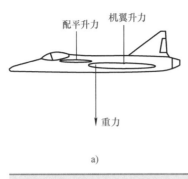
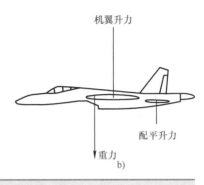

图 3-5　鸭翼和平尾的不同配平升力

a) 鸭翼　b) 平尾

它延缓了气流分离，提高了大迎角升力。在中、大迎角时，鸭翼和机翼前缘同时产生脱体涡，两者相互干扰，使涡系更稳定而产生很高的涡升力。它与边条翼的不同之处在于其主翼（基本翼后掠角也大）也产生脱体涡，两个脱体涡产生强有力的干扰，属于脱体涡流型；而边条翼仅边条产生脱体涡，基本翼仍是分离流，属于混合流型。而近距鸭式布局则进一步利用了鸭翼和机翼前缘分离旋涡的有利的相互干扰作用。如图 3-6 所示，它使旋涡系更加稳定，推迟了旋涡的分裂，这样就提高了大迎角时的升力。为了充分利用旋涡的作用，近距鸭式布局一般采用大后掠角、小展弦比的鸭翼和机翼。因为这种升力面的特点是在较小的迎角时就产生前缘涡系（脱体涡流型），而且它的旋涡强度大，比较稳定。而中等或小后掠角、中等展弦比机翼在迎角增大时气流分离并不形成旋涡，或者产生弱的或不稳定的旋涡。

近距鸭式布局在气动上的最大特点就是它能与机翼产生有利干扰，推迟机翼的气流分离，大幅度提高飞机大迎角的升力并减小阻力，对提高飞机的机动性有很大好处。除此以外，近距鸭式布局还有下列优点。

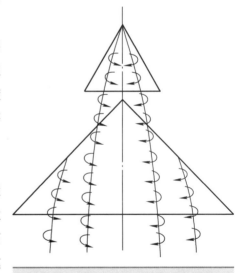

图 3-6　鸭翼和机翼的前缘分离旋涡

1）配平能力强。现代战斗机一般都采用主动控制技术，亚声速战斗机采用放宽静稳定性技术，可以减小鸭翼载荷，减小配平阻力，提高配平能力。

2）对重心安排有利。现代战斗机的推重比高，发动机质量大，重心靠后；另外由于超声速性能的需要，一般都采用大后掠角、小展弦比的机翼。由于这两个因素的影响，正常式布局飞机的平尾尾臂减小，为满足稳定性和操纵的要求，需要增大平尾面积，对质量和重心都不利。鸭式布局飞机则是鸭翼在机翼之前，不存在此问题。

3）飞行阻力小。鸭式布局飞机一般都采用大后掠角三角形机翼，其纵向面积分布较好。另外，由于没有平尾及其支撑机构，机身后部外形光滑且流线性好。这些原因造成鸭式布局飞机的超声速阻力较小。

4）容易实现直接力控制。鸭式布局飞机比正常式布局飞机和无尾布局飞机更容易实现直接力控制，这对提高战斗机的对空和对地作战能力很有利。例如，鸭翼差动配以方向舵操纵可以实现直接侧力控制；鸭翼加后缘襟翼控制可实现直接升力控制和阻力调节。

5）鸭式布局飞机的低空乘坐品质较好，因为鸭式布局飞机一般采用大后掠角、小展弦比机翼，升力线斜率较小，鸭翼位置靠近飞行员，有利于阵风减缓系统的应用。

6）利于推力矢量应用。现代战斗机一般采用推力矢量控制，这对于弥补大迎角操纵能力的不足，提高机动性和实现短距起降都很有利。鸭翼离发动机喷口很远，鸭式布局飞机的重心离喷口也较远，推力矢量的操纵效率较高，比较容易实现配平，而且鸭翼配平力的方向与推力矢量的方向一致，因此鸭式布局飞机更适合于推力矢量控制的应用。

7）利于提高飞机的机动性。鸭式布局飞机的俯仰操纵除了依靠鸭翼外，还可用后缘襟翼进行辅助操纵，因此鸭翼的面积可以较小，同时鸭式布局飞机一般采用大后掠角、小展弦比机翼，这对减小质量有好处。在相同质量的情况下，与正常式布局飞机相比，鸭式布局飞机的翼载较小（正常式布局飞机的机翼要承担全机质量的102%，而鸭式布局飞机的机翼只承担飞机质量的80%，其余由鸭翼承担），这不但可以克服鸭式布局飞机因不能充分使用后缘襟翼而使着陆性能变差的缺点，而且对提高飞机的机动性也很有利。

每一种气动布局形式都有自己的优点，也有自己的缺点和存在的问题，鸭式布局飞机也不例外，其缺点和问题主要有以下几项。

1）鸭翼易失速，操纵效率低。鸭翼处在机翼的上洗气流中，在大迎角或鸭翼大偏度时有失速问题，会影响操纵和配平能力。为此，鸭翼一般采用大后掠角、小展弦比的平面形状，虽然这样可以缓和失速，但同时又带来了鸭翼操纵效率降低的问题。

2）起飞着陆性能受限。鸭式布局飞机的起飞着陆性能受鸭翼配平能力的限制，不能使用后缘襟翼，或者只能使用很小的偏度。为解决这一问题，有时要在鸭翼上采用前、后缘襟翼，甚至采用吹气襟翼，使结构复杂化，质量增加。

3）横向操纵效率低。正常式布局飞机使用差动平尾加副翼操纵可以得到很高的操纵效率。而鸭式布局飞机一般采用大后掠角、小展弦比的鸭翼，差动时的横向操纵效率不高，而且机翼后缘的后缘襟副翼往往还要作为俯仰操纵面使用，着陆时还可能要作为增升襟翼。这些都限制了后缘襟副翼的横向操纵能力，因此鸭式布局飞机的横向操纵能力比正常式布局飞机差。

3. 无尾布局的气动特点

一般来说，无尾布局飞机可以分为无平尾、无平尾和垂尾两种情况。无尾布局是战斗机、运输机和无人驾驶飞机气动设计中广泛采用的布局形式。例如，美国的 F-102、F-106 飞机，法国的幻影Ⅲ、幻影 2000D 飞机均为无平尾布局飞机；美国的 SR-71 "黑鸟"、X-

45 等为无平尾和垂尾布局飞机。此外，英国的"火神"轰炸机、英法联合研制的"协和"和苏联的图 -144 超声速运输机，也都是无平尾布局飞机。图 3-7a 所示为无平尾布局飞机幻影 2000D，图 3-7b 所示为无平尾和垂尾布局无人驾驶飞机 X-45。

a)   b)

图 3-7　无尾布局飞机

ⓐ 无平尾布局飞机幻影 2000D　ⓑ 无平尾和垂尾布局无人驾驶飞机 X-45

　　正常式布局飞机都有水平尾翼和垂直尾翼，它们是保证飞机稳定飞行和操纵方向的部件，但也会增加飞机质量。由于尾段离飞机重心远，因此它们对全机结构质量的影响很大，尾部质量减小 1kg，相当于其他部件质量减小 2kg，所以如果能够去掉平尾和垂尾，那么飞机的质量可以减小很多。同时尾段又是难以隐蔽的雷达反射源，所以没有尾段可改善飞机的固有隐身特性。

　　那么，用什么来代替飞机的尾段呢？一是在飞机上设计新的操纵面；二是通过机载计算机和电（光）传操纵系统对所有操纵面进行瞬态联动来模拟平尾和垂尾的作用；三是利用发动机可转动喷口的转向推力对飞机进行辅助操纵。

　　对多种正常式布局、鸭式布局和无尾布局飞机方案进行研究发现，相对于正常式布局飞机和鸭式布局飞机而言，在同样的设计要求下，无尾布局飞机的质量最小，结构和制造也相对简单，从而成本和价格较低，机动飞行性能中的稳态盘旋性能和加减速性能也最好。但这种气动布局也有不少缺点。由于无尾布局飞机没有鸭翼和尾翼，如果飞机的纵向操纵和配平仅仅靠机翼后缘的升降舵来实现，则由于力臂较短，操纵效率不高；在起飞着陆时，增加升力需升降舵下偏较大角度，由此带来下俯力矩，为配平又需升降舵上偏，因而限制了飞机的起飞着陆性能，特别是着陆性能，而且很难改进。

　　4. 三翼面布局

　　近距鸭式布局应用在现代作战飞机上有许多优点，将鸭翼加到正常式布局飞机上，能否还保持鸭式布局飞机的优点呢？鸭式布局飞机在稳定性、操纵性和配平能力上还存在一些问题，而将鸭翼和平尾结合形成三翼面布局，是否能综合这两种布局的优点，而克服各自的缺点呢？这些是人们感兴趣的问题。

　　三翼面布局由前翼（鸭翼）、机翼和水平尾翼构成，可以综合正常式布局和鸭式布局的优点，经过仔细设计，有可能得到更好的气动特性，特别是操纵和配平特性。美国先进战斗机技术综合（AFTI）项目的 AFTI-15 在 F-15 飞机上加装鸭翼而构成三翼面布局后，机动性能明显改善；俄罗斯在苏 -27 上加小鸭翼改为舰载型苏 -33，在苏 -27 飞机上加大鸭翼改成苏 -35 飞机（图 3-8），机动性得到更大提高。这些说明三翼面布局具有较大优势。

　　三翼面布局除保持了鸭式布局利用旋涡空气动力带来的优点外，一个重要的潜在优势是它比较容易实现主动控制技术中的直接力控制，从而达到对飞机飞行轨迹的精确控制。例如，当鸭翼、机翼后缘和平尾同时进行操纵时，就能实现纵向直接力控制，进行纵向直接升力、俯仰指向和垂直平移控制，这将极大提高现代作战飞机的机动能力，在空中格斗或对地攻击中，都能显著提高飞机的作战效能和生存率。

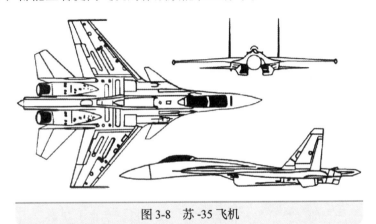

图 3-8　苏 -35 飞机

　　三翼面布局飞机在气动载荷分配上也更加合理。如图 3-9 所示，当法向过载为 n_y 时，通过对三翼面和两翼面（正常式和鸭式）布局飞机的升力载荷进行比较可知，在进行同样过载的机动时，三翼面布局飞机的机翼载荷较小，全机载荷分配更为均匀合理，因而可以降低飞机对结构强度的要求，减小飞机的结构质量，提高飞机的飞行性能。

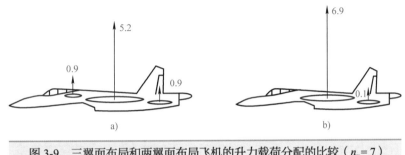

图 3-9　三翼面布局和两翼面布局飞机的升力载荷分配的比较（$n_y = 7$）

a) 三翼面布局飞机　b) 两翼面布局飞机

　　三翼面布局飞机由于增加了一个前翼操纵自由度，它与机翼的前、后缘襟翼及水平尾翼结合在一起进行直接控制，可以减小配平阻力，还可以提高大迎角时操纵面的操纵效率，保证飞机大迎角时有足够的下俯恢复力矩，改善飞机的大迎角气动特性，提高最大升力，提高大迎角时的机动性和操纵性。

三翼面布局虽然可以综合利用正常式布局和鸭式布局的优点，但也有一些问题值得注意并需要进一步研究解决。

1）大迎角气动力的非线性。三翼面布局的优点主要来自于旋涡的有利干扰，但在迎角增大到一定程度时，旋涡会发生破裂，导致飞机的稳定性和操纵性发生突然变化，以及气动力非线性变化。

2）超声速飞行时阻力大。由于增加了一个升力面，三翼面布局飞机在小迎角时的阻力比两翼面的要大，超声速状态下增加的阻力更多。因此，对于强调超声速性能的飞机，三翼面布局是否是一种很好的选择需要综合衡量。

3）全机质量增大。虽然三翼面布局飞机的气动载荷在几个翼面上的分配更为合理，对减小结构质量有利，但由于增加了一个升力面（同时也是操纵面）和相应的操纵系统，三翼面布局最终能否减小全机质量，需要通过具体的飞机设计才能确定。

三翼面布局有其优点和缺点。但无论如何，三翼面布局为高机动作战飞机和无人机的设计改进提供了一种可选择的途径。

5. 飞翼布局

飞翼布局的飞机只有机翼。与正常式布局相比，飞翼布局的气动优势主要表现在两个方面：一是飞翼；二是无尾（尾即垂尾、平尾及安装在后机身的组合件，也称尾部）。

1）一体化飞行器的优势。飞翼布局具有一体化设计的最大优势。由于它无尾，只有机翼和机身，最适宜采用一体化设计技术。一体化设计技术包括两个方面：一是机体内部空间的一体化设计和利用；二是机翼和机身的相互融合设计。

① 空间利用充分，隐身性好。一体化设计的结果是飞机不但无尾，而且无机身。这样，从机体内部看，内部空间得到了最大的利用，如翼身融合部位的空间被充分利用，各种机载设备埋装在机体内，有利于飞机隐身。

② 结构质量小，强度大。各种机载设备均可顺着机翼刚性轴沿翼展方向布置，与机翼的气动载荷分布基本一致。如美国的 B-2 隐身轰炸机（图 3-10），两侧机翼的外段是整体油箱，起落架舱、发动机舱和武器舱从外到内依次排开，沿着展向布置得紧凑合理。这不仅有利于飞机结构强度的增加和结构质量的减小，还有利于承受大机动产生的过载。

图 3-11 所示为我国天鹰无人机，为飞翼布局。

③ 翼身融合体增加升力。从气动外形看，翼身融为一体，整架飞机是一个升力面，可以大大增加升力；翼身光滑连接，没有明显的分界面，可大幅度降低干扰阻力和诱导阻力。

另外，机体结构主要由先进复合材料制造，外形光滑，且无外挂等突出物，加上气动外形隐身设计，大大减小了雷达散射截面（RCS）。

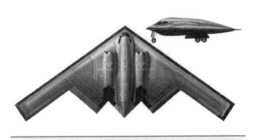

图3-10 美国B-2隐身轰炸机

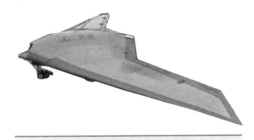

图3-11 我国天鹰无人机

总之，无尾布局一体化设计可大大增加升力、减小阻力，减小质量和翼载，对延长续航时间和提高机动性等飞行性能极为有利，也提高了经济性，同时大大减小了雷达散射截面。其中气动外形隐身设计可使全机的雷达散射截面面积减小80%以上，增强其隐身性。

2）无尾的优势。飞翼布局无尾部，可以减小飞机的质量。由于无尾，飞机结构可以大大简化，质量自然比有尾飞机小。一般来说尾翼部位离飞机重心最远，而尾部质量一般占全机最大起飞质量的6%～7%。由于取消了尾部，全机质量更合理地转移到机翼翼展分布，从而减小了机翼的弯曲和扭转载荷，使得结构质量进一步减小。

除此以外，飞翼布局可以显著地减小阻力，有效地提高隐身性，明显地降低飞机的寿命成本，经济性好。

但是，飞翼布局也有缺点，其存在的主要问题有操纵效率低。同时，由于无尾，飞机的纵向和航向都不易稳定，这就需要飞翼布局的飞机采用各种操纵面和推力矢量等装置来共同产生所需的各种力和力矩，相应地就大大增加了飞机操纵和控制的难度。例如，B-2飞机的机翼后缘成W形，有4对操纵面，综合了副翼、方向舵、升降舵和襟翼的功能。

为了更好地利用飞翼布局的优点，需要对世界前沿技术——创新控制方式、自适应重构系统和主动柔性机翼等进行深入研究。

6. 变后掠翼布局

后掠角在飞行中可以改变的机翼称为变后掠翼。变后掠翼的气动布局称为变后掠翼布局。

对变后掠机翼的研究始于20世纪40年代，但直到20世纪60年代才设计出实用的变后掠翼飞机。应用变后掠翼布局的作战飞机有F-111、F-14（图3-12）、B-1B、狂风战斗机、米格-23和图-22M等。

一般的变后掠翼的内翼是固定的，外翼用铰链轴同内翼连接，通过液压助力器操纵外翼前后转动，以改变外翼段的后掠角和整个机翼的展弦比。亚声速时转向小后掠角、大展弦比机翼，其升力和升阻比明显增加，起降和巡航性能明显改善；超声速时转向大后掠角、小展弦比机翼，其波阻小，超声速性能良好。

变后掠翼布局飞机也有它的缺点：一是飞机的平衡不易保证，当机翼后掠时，气动中心后移，重心也后移，但前者移动量大，需要调整燃油移动重心或者增加平尾向下的配平力来保持飞机的平衡，而增加平尾的配平力就会增加飞机的配平阻力，从而降低飞机的飞行性能；二是由于转动机构的结构和操纵系统复杂，质量增加较多，不适合轻型飞机使用。此外，变后掠翼布局的飞机难以满足大迎角高机动及隐身能力等要求，所以在新一代作战飞机的设计中已经不再采用变后掠翼布局。

图 3-12　F-14 飞机

7. 前掠翼布局

当飞机的飞行速度达到高亚声速时，会出现压缩性影响，气流经过机翼上表面加速，局部达到超声速，产生激波和激波诱导的附面层分离，导致阻力急剧增加，这就是所谓的阻力发散现象，它阻碍飞机速度的进一步增大。解决这个问题的方法就是采用斜掠机翼，推迟激波的发生。因为此时的有效马赫数，即垂直于机翼前缘的马赫数减小。前缘和后缘均向前伸展的机翼称为前掠机翼，前掠机翼和后掠机翼都能起到提高临界马赫数、降低波阻的作用。

世界上最早采用的斜掠机翼是前掠翼，而不是现在广泛采用的后掠翼，机翼采用前掠翼的气动布局形式称为前掠翼布局。世界上最早采用前掠翼布局的飞机是德国的轰炸机JU-287。近年来，美国的 X-29（图 3-13）、俄罗斯的苏-47"金雕"等飞机相继问世，并以其独特的气动布局形式，在世界飞机中占领了一席之地。

前掠翼的翼尖位于机翼根部之前，在气动载荷的作用下，翼尖相对于翼根产生的扭转变形使得翼尖的局部迎角增大，迎角增大又引起气动载荷的进一步增大，这种恶性循环将使机翼结构发生气动弹性发散而损坏。为解决前掠翼的气动弹性发散问题，需要大大增加结构质量，甚至达到了不允许的地步。这就是后来的高速飞机从采用前掠翼转向采用后掠翼的原因。

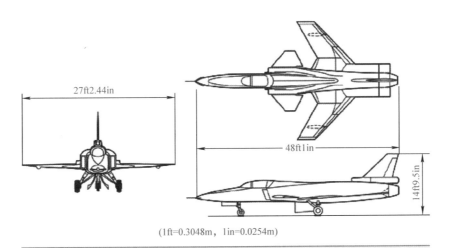

(1ft=0.3048m，1in=0.0254m)

图 3-13　X-29 飞机

自从复合材料出现以后，前掠翼的发展才有了转机。复合材料结构的面板铺层厚度和纤维的方向可以任意变化，因此能够控制复合材料机翼的刚度和扭转变形。复合材料密度小，只要增加很小的质量甚至不增加质量就可以解决前掠翼的气动弹性发散问题，而且复合材料前掠翼的展向载荷分布也更加合理。图 3-14 所示的无人机采用了复合材料。

图 3-14　采用复合材料的无人机

前掠翼的气动特性应用到飞机上具有下列优点。

（1）失速从翼根开始　前掠翼布局和后掠翼布局相同，同样具有延缓激波产生的作用。但后掠翼布局由于展向分速是从翼根流向翼尖，其附面层分离首先在翼尖出现。虽然采用在机翼表面安装翼刀、翼尖采用气动及几何扭转，或采用复杂的附面层分离控制技术，但在较大的迎角下，其附面层分离仍然是首先在翼尖发生。一旦附面层分离，必然导致翼尖操纵面失效。因此，后掠翼布局的失速迎角小，机动性差。而前掠翼布局由于机翼前掠，气流有一个平行于前缘、指向翼根的分量，因此使流经前掠翼的气流向机翼内侧偏转，附面层向翼根方向增厚，使气流首先在翼根发生分离。这点和后掠翼完全相反，后掠翼的分离首先是从翼尖开始的。前掠翼的气流分离从翼根开始的特点，可以使副翼的效率保持到更大的迎角，没有后掠翼普遍存在的大迎角操纵副翼效率不足和飞机上仰问题。前掠翼的中、外翼展向流动具有较好的分离特性，机翼失速迎角增大，可用升力高，外翼段的舵面操纵效率高，大迎角机动性能良好。

（2）前掠翼的阻力小　如图 3-15 所示，从理论上分析，前掠翼的跨声速阻力较小，这可以从以下两个方面来分析。

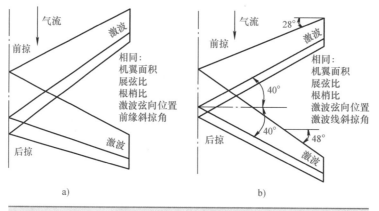

图 3-15　前掠翼和后掠翼分析

a) 前掠翼和后掠翼的激波线斜掠角比较　　**b)** 前掠翼和后掠翼的前缘斜掠角比较

1）如果保持前掠翼和后掠翼的展弦比、根梢比、机翼面积、激波弦向位置和前缘斜掠角相同，则前掠翼的激波线斜掠角要比后掠翼大，如图 3-15a 所示。激波线斜掠角和激波的位置决定着激波引起的压差阻力，激波线斜掠角越大、激波的位置越靠后，压差阻力越小。因此，前掠翼的压缩性影响和波阻较后掠翼小。

2）如果保持前掠翼和后掠翼的展弦比、根梢比、机翼面积、激波弦向位置和激波线斜掠角相同，则前掠翼的前缘斜掠角要比后掠翼小，如图 3-15b 所示（研究和使用中发现，随着前掠翼前掠角增加，前掠翼的气动弹性发散速度迅速下降。当机翼前掠角由 0° 增加到 28° 时，机翼的发散速度下降 90%）。这样，在前缘未分离时，前掠翼的前缘吸力在自由流方向的分量较大，因而阻力要比后掠翼的小。

（3）有利于近距鸭式布局　现代飞机的推重比大，发动机质量大，因此飞机的重心比较靠后，而前掠翼的几何特点是机翼根部靠后。由于这两个因素，前掠翼布局飞机的机翼根部很靠近机身的后部，使得平尾很难布置。如果将纵向稳定面和操纵面布置在机翼之前，形成鸭式布局，则是一个非常合理的解决方案。前掠翼翼根后置，结构布置更具灵活性，易于合理分配机翼和前起落架的受力，增大机体容积，为设置内部武器舱创造了条件，并有利于采用鸭翼耦合设计。而且近距鸭式耦合进一步提高了前掠翼布局在大迎角下的升力系数。鸭翼所产生的涡系对主机翼涡系产生有利干扰，对翼根附面层分离进行控制，使前掠翼布局失速缓慢的特点得到加强，提高了主翼气动效率，具有改善失速特性的作用。

（4）起飞着陆性能好　与相同机翼面积的后掠翼飞机相比，前掠翼飞机的升力更大，载质量增加30%，因而可缩小飞机机翼，降低飞机的迎面阻力和飞机结构质量；减小飞机配平阻力，加大飞机的亚声速航程；改善飞机的低速操纵性能，缩短起飞着陆滑跑距离。据计算，F-16 战斗机若使用前掠翼结构，可使转弯角速度提高14%，作战半径增大34%，并将起飞距离缩短35%。

此外，前掠翼的失速特性较好，因而具有良好的抗尾旋性能。从飞机的总体布置来看，由于前掠翼翼根靠后，飞机的主要受力结构后移，这将增大机身内可利用的容积，使得内部布置具有更大的灵活性。

但是前掠翼存在气动弹性发散的问题。对于后掠翼，当机翼迎角增大而使升力增加时，机翼产生的扭转变形使机翼后缘升高、前缘降低，机翼相对于来流的迎角减小，从而减小了升力，即机翼的结构是稳定的。而前掠翼则相反，当迎角增大、升力增加时，机翼产生的扭转变形使得前缘升高、后缘降低，机翼相对于来流的迎角增大，从而使机翼升力和扭转变形继续增大，这种不稳定性称为气动弹性发散现象。前掠角越大，气动弹性发散现象越严重。为消除气动弹性发散现象，必须增加机翼结构刚度，使飞机质量增加，但这抵消了前掠翼的优越性。这就是前掠翼技术多年没有得到发展的主要原因。

相比后掠翼，前掠翼存在的最大不足是气动效率较低。其主要原因在于根部气流分离，机翼根部占机翼面积的比例最大，对升力的贡献也最大，根部气流分离早，分离区发展快，使前掠翼大迎角时的升力损失较大，同时也导致焦点前移。因此，控制根部气流分离是前掠翼布局设计的关键。控制根部气流分离的主要方法有多种，如机翼根部活动边条、固定边条、边条襟翼和链接边条的修形。另外，还可以利用鸭翼脱体涡的干扰改善前掠翼根部的流态，从而改进前掠翼根部过早分离的不足。

前掠翼的参数选择，如前掠角、展弦比、根梢比、翼型等，原则上跟后掠翼相同。从实际的设计角度来看，前掠翼的前掠角不能太大，否则其后缘前掠角就太大，这样不但翼根失速严重，而且降低了后缘襟翼和副翼的操纵效率，并会增加结构上的设计难度。另外，前掠角太大，将使得前掠翼的翼根太靠近机身的后端，很难保证机身受力框的足够强度。反过来，前掠翼的前掠角也不能太小，因为前掠角太小将带来超声速阻力大的问题。所以，前掠翼前掠角的选择应和后掠翼布局的现代飞机采用中等后掠角机翼类似，采用中等前掠角。

二、机翼上反角

从无人机后视图来看，上反角是机翼平面与机身平面的夹角，如图3-16所示。对于有上反角的机翼，其法向力分解为升力、阻力与侧向力。全机（只包括机翼）有效升力小于单独机翼的升力，升阻比小于单独机翼的升阻比。在定直平飞状态，升力与重力平衡，侧力主要起保持横向稳定性的作用。一般为了增强横向稳定性，无人机机翼上反角为1°~5°。

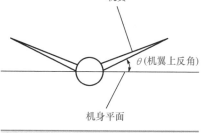

图 3-16　机翼上反角示意图

三、翼身组合体

翼身组合体对空气动力特性的影响有两方面：一是机身会产生一部分升力；二是机身本身阻力及机身和机翼连接处的干扰阻力会增加全机的总阻力。

机身在满足装载要求的情况下，长细比应保持在合理范围内，以减小其摩擦阻力和压差阻力。

一般机身会产生一定的升力，但是相对于机翼，机身处的阻力要小一些。因此，全机的升阻比要小于单独机翼的升阻比。为了增加机身升力，减小翼身组合体的干扰阻力，许多无人机在机身机翼连接处增加圆弧相切的"整流包皮"，或者将机身做成加厚形式的"翼型"，与机翼做成翼身融合体布局形式。这种形式能极大地减小干扰阻力，提高全机升阻比，但对无人机结构、工艺及维护性提出了较高的要求。

四、尾翼

固定翼无人机的尾翼主要起配平、增强纵向和航向稳定性及操纵性的作用，对全机升力的贡献较小。按照尾翼的布局形式，无人机有无尾布局、正常式布局、V 形尾翼、T 形尾翼、倒 V 形尾翼、H 形尾翼等布局形式。

无尾布局无人机的气动性能与翼身组合体性能相同。其他布局形式的无人机，为了保证尾翼具有足够好的操纵性，尾翼要晚于主翼失速，因此尾翼安装角一般小于主翼安装角。并且由于配平需要，尾翼一般采用对称翼型，其零升迎角基本为零。尾翼对全机的升力贡献可正可负，依据尾翼安装角和升降舵角度而定。

五、其他因素

机翼相对机身的垂直位置会影响全机的阻力特性。上单翼会增加无人机的横航向稳定性，下单翼则相反。中单翼翼身干扰阻力最小，但结构形式也较为复杂。

另外，小型或大型无人机上会有襟翼，微型和轻型无人机由于尺寸限制等没有襟翼。无人机襟翼放下时升力系数增加，同时阻力系数也会增加，但升力增加更为明显。襟翼一般只在起降阶段使用，且收放角度不同，如图 3-17 所示。

一般微型或轻型无人机多采用弹射、滑撬或轮式起降方式。滑撬或轮式起降方式的起落架不可回收。其对空气动力学特性的影响主要体现在增加干扰阻力方面，起落架放下阻力系数增加，飞机的极曲线向右下方移动，如图 3-18 所示。

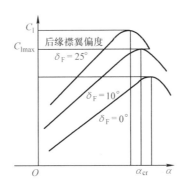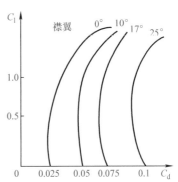

图 3-17 飞机襟翼放下，升力曲线左移，极曲线右移

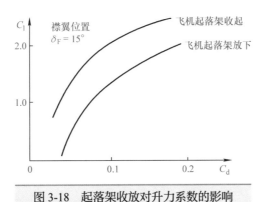

图 3-18 起落架收放对升力系数的影响

第二节 固定翼无人机飞行性能

通常使用"性能"这一术语描述无人机实现其设计目标的有效性。不同的无人机会强调不同的性能，如平飞性能、机动性能、续航性能、负载能力、起飞着陆性能等。固定翼无人机的主要飞行性能如下。

一、平飞性能

平飞性能是无人机最重要的性能之一，决定了无人机的飞行速度和飞行高度范围，与无人机的气动力特性、动力装置和结构等密切相关。对于大型和小型无人机，更关注其飞行包线，即高度 - 速度范围。对于轻型和微型无人机，飞行高度较低，则只关注其飞行速度范围。

平飞时，升力、阻力、推力和重力沿机体轴平衡，同时，这些力对质心的力矩也为零。无人机的平飞性能主要包括最大平飞速度、最小平飞速度、平飞经济巡航速度及平飞速度范围，这些速度主要取决于升力系数和发动机推力。

1. 最大平飞速度

在一定高度和质量下，无人机处于最大推力状态时，无人机所能达到的稳定平飞速度，即做定常直线飞行时所能达到的最大平飞速度。

不同高度状态，发动机推力不同。在一定高度下，速度越大，阻力越大。当阻力引起的需用功率和发动机可用功率平衡时，维持定直平飞状态。最大平飞速度主要受发动机推力的限制，同时还受结构强度、颤振等的限制。

2. 最小平飞速度

无人机做等速平飞所能保持的最小速度称为最小平飞速度。对无人机的要求来说，最小平飞速度越小越好，因为最小平飞速度越小，飞机就可用越小的速度接地，以改善飞机的着陆性能。

最小平飞速度受无人机失速特性的限制，这是因为要维持等速直线飞行，则升力要等于重力，且保持定值，速度越小，在保持配平构型的升力线斜率一定的情况下，迎角越大。失速时的迎角为升力系数最大值，也是平飞速度最小值。此外，最小平飞速度还受发动机使用特性的影响。

3. 平飞经济巡航速度

用最小所需功率做水平飞行时的速度称为平飞经济巡航速度。此时发动机油耗最小。无人机一般均以平飞经济巡航速度飞行，因为此时经济性最好。

4. 平飞速度范围

一定高度下，从最小平飞速度到最大平飞速度，称为平飞速度范围。平飞速度范围越大，即最小平飞速度越小、最大平飞速度越大，平飞性能越好。

二、爬升性能

飞机沿向上倾斜的轨迹所做的等速直线飞行称为爬升（上升），爬升是固定翼无人机升高的基本方法。通常，爬升开始可以通过加大迎角来实现，这将导致升力的瞬间增加，但只会持续几秒，随后无人机会减速，升力比原来小，小于无人机的重力。爬升中无人机的受力如图3-19所示。

爬升性能主要包括最大爬升角、最大爬升率、爬升时间和爬升所经过的水平距离。影响爬升性能的主要因素是发动机的剩余推力和爬升方式。

图3-19　爬升中无人机的受力

爬升有两种极限状态：一种是快速爬升或以最大爬升速率爬升，即无人机以最短的时间爬升到指定高度；另一种是陡升或以最大爬升角爬升，这时无人机可以避开机场周围的障碍物。这两种方案会有不同的爬升路径和空速，如图3-20所示。

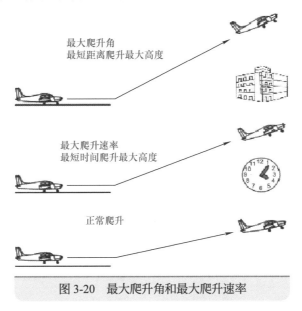

最大爬升角
最短距离爬升最大高度

最大爬升速率
最短时间爬升最大高度

正常爬升

图 3-20 最大爬升角和最大爬升速率

三、下降性能

无人机沿向下倾斜的轨迹做等速直线飞行称为下降，下降是无人机降低高度的基本方法。下降中作用于飞机的外力与平飞、爬升相同，也有升力、重力、拉力和阻力，如图3-21所示。某些情况下，飞机下降时可以不需要动力，此时只有升力、阻力和重力。下降时升力同样小于平飞升力。

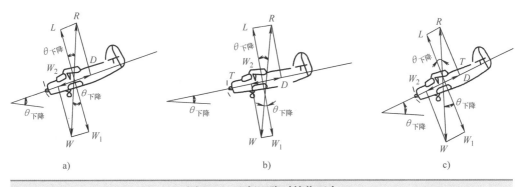

图 3-21 飞行下降时的作用力

ⓐ 情况一 ⓑ 情况二 ⓒ 情况三

四、续航性能

续航性能是指无人机持续航行的能力，主要包括航程和续航时间两个指标。

1. 航程

航程是指无人机起飞后在不再加油或充电的情况下，以巡航速度或预定航线所能到达的最远距离。

提高航程的方法如下：

1) 减小发动机的耗油率（油动无人机）。

2) 增加无人机的最大升阻比。

3) 减小无人机的结构质量。

4) 进行空中加油（具备空中加油能力的大型无人机）。

2. 续航时间

续航时间又称航时，指的是无人机在一次加油或一次充满电的情况下在空中所能持续飞行的时间。目前，一般微型或轻型无人机的续航时间都在 1h 以内。表 3-1 列出了 RQ-4A "全球鹰"无人机的飞行性能参数。

表 3-1　RQ-4A "全球鹰"无人机的飞行性能参数

参数名称	参数值	参数名称	参数值	参数名称	参数值
机长	13.4m	最大平飞速度	644km/h	航程	26000km
高	4.62m	最大飞行高度	19.81km	续航时间	36h
翼展	35.4m	最大起飞质量	11610kg	空中停留	24h

五、活动半径

无人机由指定位置起飞，到达某一空中位置，完成一定任务（如洒药、巡线等）后返回起飞位置所能达到的最远单程距离 R，称为活动半径，如图 3-22 所示。无人机的活动半径略小于其航程的一半。

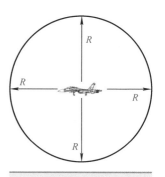

图 3-22　活动半径

六、起飞着陆性能

起飞性能主要指起飞速度和起飞滑跑距离。起飞速度主要受失速速度和擦尾角的影响。起飞速度达到失速速度的 1.2 倍时，无人机离地较为安全。

起飞滑跑距离指无人机从静止状态到完全离地所经过的距离。对于前三点式无人机，起飞滑跑分为三轮滑跑和抬前轮后的两轮滑跑两个阶段，滑跑距离主要由第一个阶段决定，此时发动机性能和地面粗糙度对滑跑距离的影响大。在第二个阶段，无人机已达到失速速度，一般认为以该速度继续滑跑 3s 时达到完全离地状态。

着陆性能主要指着陆速度和着陆滑跑距离。着陆拉飘时发动机不工作，着陆速度为

$$v_{jd} = k\sqrt{\frac{2G}{\rho SC_{L,jd}}} \tag{3-1}$$

式中，k 为地面效应因子，一般为 $0.9 \sim 0.95$；G 为飞机重量；ρ 为空气密度；S 为飞机参考面积；$C_{L,jd}$ 为接地升力系数。

着陆速度主要由失速迎角和着陆质量决定。着陆质量越小，失速迎角越大，则着陆速度越小，滑跑距离越短。

第三节 固定翼无人机的飞行稳定性

飞机在大气中飞行的过程中，经常会受到各种不可预测的扰动，如大气扰动、发动机推力脉动、飞行员无意识的动杆等。这些扰动都会使飞机的飞行状态发生改变，因此必须研究飞机在受到扰动后，自动恢复原状态的能力，即飞机的飞行稳定性问题。通常称飞机飞行状态及受扰前的飞机平衡状态为配平状态，因此飞行稳定性问题就是研究飞机在配平状态下受到外界扰动而偏离配平状态时，飞机自身能否有力矩产生使之回到原配平状态的能力。

飞行稳定性是衡量无人机飞行品质的一个重要参数。当无人机受到扰动之后，在不进行任何紧急操作的情况下能够回到受扰动前的原始状态，则称无人机是稳定的，反之是不稳定的。固定翼无人机的飞行稳定性分为纵向稳定性、横向稳定性与航向稳定性，均在机体坐标系中定义。

机体坐标系如图 3-23 所示，原点位于飞行器的质心 O；X 轴在飞行器对称平面内，平行于机身轴线或机翼的平均气动弦线指向前，Z 轴也在对称面内，垂直于 X 轴指向下，Y 轴垂直于对称面指向右。

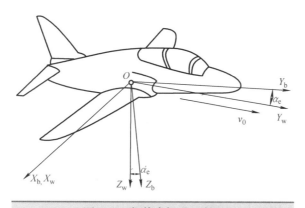

图 3-23 机体坐标系示意图

无人机气动力矩的三个分量（即滚转力矩 L、偏航力矩 N 和俯仰力矩 M）和对应的三个角运动也是对机体坐标系三根轴定义的，无人机运动的三轴如图 3-24 所示。

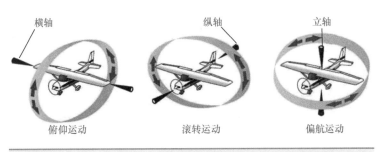

横轴　　　　　纵轴　　　　　立轴

俯仰运动　　　滚转运动　　　偏航运动

图 3-24　无人机运动的三轴

一、纵向稳定性

无人机绕 Y 轴的稳定称为纵向稳定性，它反映了无人机的俯仰稳定性和操纵特性。纵向静稳定性主要取决于全机重心和焦点的相对位置。一般重心在焦点位置前面时无人机是纵向静稳定的。因此，在设计、装配与调试时需要密切关注无人机的重心位置。重心越靠前，稳定性越好，操纵性越差。反之稳定性差，操纵性好。水平尾翼靠后可以使全机焦点后移，有改善纵向稳定性的作用。一般来说，飞翼布局的无人机纵向稳定性相对较差，可以通过飞行控制系统中的增稳控制系统加以改善。

二、横向稳定性

无人机绕 X 轴的稳定称为横向稳定性，它反映了飞机的滚转稳定性。影响飞机横向稳定性的主要因素有机翼上反角、机翼后掠角和垂直尾翼。上反角越大，飞机的横向稳定性越好。后掠角越大，横向稳定性也越好。但对于低速和亚声速无人机，后掠角主要由气动性能决定，不宜过大。

三、航向稳定性

无人机绕 Z 轴的稳定称为航向稳定性，飞机主要靠垂直尾翼来保持其航向稳定性。无人机的机身侧面迎风面积、机翼后掠角、发动机短舱等对其航向稳定性有一定影响。

第四节　固定翼无人机操纵及控制原理

一、固定翼无人机操纵原理

固定翼无人机舵面如图 3-25 所示。它的操纵舵面有副翼、升降舵和方向舵。

图 3-25　固定翼无人机舵面

　　控制左、右副翼分别向上和向下偏转，主要用于改变左机翼和右机翼的升力分布，这样左、右机翼升力不同，形成绕机身轴的滚转力矩，实现无人机绕 X 轴的滚转运动。无人机的转弯、盘旋和横滚等动作主要由副翼完成，另外还要配合发动机节气门等辅助完成。

　　控制升降舵向上或向下偏转，主要用于改变平尾弯度，从而改变平尾升力大小，形成绕 Y 轴的俯仰力矩，实现无人机绕 Y 轴的俯仰运动。无人机起飞、降落、爬升、下滑、筋斗等操纵动作主要由升降舵控制完成，另外还要配合发动机节气门等辅助完成。

　　控制方向舵向左或向右偏转，主要用于改变垂尾弯度，从而改变垂尾侧力大小，形成绕 Z 轴的偏航力矩，实现无人机绕 Z 轴的偏航运动。无人机偏航、转弯等操纵动作可由方向舵辅助完成。

二、固定翼无人机控制原理

　　操纵固定翼无人机的相应舵面可以实现无人机的飞行动作。在有人驾驶飞机上，这些操作主要由飞行员和自动驾驶系统完成。在无人机上，这些操作主要由无线电遥控或自动驾驶系统完成。

　　无线电遥控的控制原理为：操纵员在地面操纵发射机的操纵杆，发射舵面指令信号，该指令信号通过编码、选频等内部电路，以无线电波传输，将指令发送给匹配的接收机，接收机接收到该指令信号后，通过解码，控制相应通道的舵机进行转动，使舵机与舵面连接，达到操纵相应舵面偏转的目的。

　　自动驾驶系统的控制原理为：通过安装在无人机上的测量元件，如陀螺仪、定位系统、空速管等，测量当前无人机的飞行状态参数，并将这些参数反馈到中控计算机（或主控板），通过匹配当前参数与预先设置的飞行参数，采用相应算法，生成舵机控制指令，以控制舵机，带动舵面进行偏转，控制实际飞行姿态和飞行航线，达到使实际飞行状态匹配预先设置飞行状态的目的。

练习题

1. 固定翼无人机主要有哪些气动布局?

2. 列举五种以上影响固定翼无人机飞行的性能。

3. 简述机体坐标系是如何定义的。

4. 分别说明哪些参数会影响固定翼无人机飞行的纵向稳定性、横向稳定性、航向稳定性。

5. 简述固定翼无人机的操纵及控制原理。

无人直升机
基本飞行原理

第四章

第一节　无人直升机的结构

一、直升机的布局形式

直升机是一种可以垂直起降的飞行器，同时也是有效的可悬停飞行器，其升力、前进力、操纵完全由旋翼系统控制，属于低速飞行器。

有人直升机大致有单旋翼直升机、双桨纵列式直升机、双桨横列式直升机、共轴反桨式直升机四种，如图 4-1 所示。

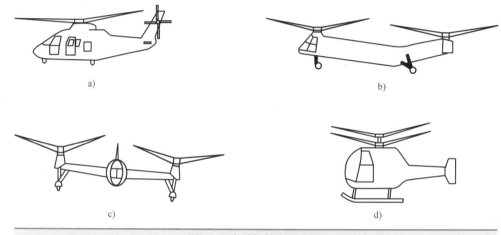

图 4-1　直升机的布局形式

ⓐ 单旋翼直升机　ⓑ 双桨纵列式直升机　ⓒ 双桨横列式直升机　ⓓ 共轴反桨式直升机

（1）单旋翼直升机　最多见的直升机只有一个主旋翼轴系统。另外，在机身后部与主旋翼不同平面内安装一个尾桨系统，用于平衡因主旋翼转动引起的反转矩，同时尾桨还可以用于实现直升机的方向操纵。

（2）双桨纵列式直升机　这种直升机具有两个主旋翼轴，分别安装在机身的前端和后端，两个旋翼轴的叶片转动方向相反，其反转矩互相抵消。

（3）双桨横列式直升机　这种直升机同样有两个主旋翼轴，安装在机身两侧，两旋翼转动但不一定互相啮合，且有一定的角度。

（4）共轴反桨式直升机　两个主旋翼上、下安装在同一个主轴上，由一台或两台发动机驱动。两个主旋翼转动方向相反，可以互相抵消反转矩，使机身不随旋翼转动。

单旋翼直升机是最常见的直升机，它的主要优点是设计和制造简单，只需一套操纵系统和减速传动系统，但需要安装尾桨来平衡主旋翼产生的反转矩，且尾桨还要消耗一定的功率（通常悬停时为 8%~10%，平飞时为 3%~4%）。

共轴反桨式直升机由于两个主旋翼转动方向相反，可以互相平衡反转矩。另外，由于其采用的是两个主旋翼，从而减小了主旋翼桨叶尺寸，其缺点是结构和操纵变得相当复杂，使质量增加。

在无人直升机中，较常见的布局形式是单旋翼和共轴反桨式。

二、直升机桨毂的结构

有人直升机根据桨毂的结构主要分为四代，分别为铰接式旋翼、无铰式旋翼、无轴承式旋翼和跷跷板式旋翼。目前，小型无人直升机的，桨毂结构主要是跷跷板式旋翼桨毂结构和铰接式旋翼桨毂结构，并且旋翼铰经过一定程度的简化。

轻型无人直升机和第一代有人直升机采用全铰接式旋翼，其典型的模型如图 4-2 所示。对于这类旋翼，桨叶的刚体运动通过挥舞角 β、摆振角 ζ 和变距角 θ 来描述。之后出现了图 4-3 所示的跷跷板式旋翼，并在贝尔和其他一些直升机公司得到广泛的使用。这种旋翼也有挥舞铰，且其两片桨叶的挥舞铰大小相等、方向相反，即 $\beta_1 = -\beta_2$。跷跷板式旋翼主要用于载质量较大的无人直升机。

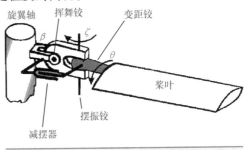

图 4-2　典型铰接式旋翼模型

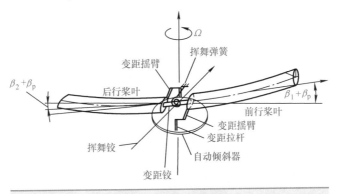

图 4-3　跷跷板式旋翼

无铰式旋翼没有挥舞铰和摆振铰，但仍然保留了变距铰，如图 4-4 所示。与此同时，也出现了取消挥舞铰的无轴承式旋翼，如图 4-5 所示。该构型依靠根部柔性梁来控制桨叶的挥舞、摆振和变距运动。但由于其技术复杂且带来了更多的动力学问题，直到 20 世纪 90 年代才真正应用到直升机上。目前，无轴承式旋翼在无人直升机上尚未应用。

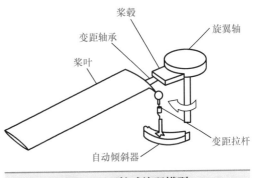

图 4-4　无铰式旋翼模型

近年来，使用三轴陀螺仪测量无人直升机姿态信号，通过增稳系统驱动舵机，直接控制旋翼桨距的旋翼系统，可实现自主飞行，是跷跷板式旋翼桨毂的主要操纵方式。

某跷跷板式旋翼桨毂结构如图 4-6 所示。该旋翼头依靠"T"形主旋翼固定座连接主轴,横穿主旋翼固定座内部的横轴实现旋翼的变距铰功能并承受旋翼的离心力。旋翼叶片安装于两端的主旋翼夹座,由一根竖直方向的螺栓固定,作为摆振铰的轴。横轴通过两个深沟球轴承和一个推力轴承支撑主旋翼夹座,并用一个螺栓锁止。倾斜盘的倾斜通过连杆驱动主旋翼夹座上的摇臂实现旋翼的变距运动。主旋翼固定座的两端安装有橡胶等弹性材料制成的横轴垫圈来支撑横轴,飞行中由这两个横轴垫圈的变形来实现挥舞运动,而两片旋翼叶片则依靠横轴保持同轴,因此横轴就像跷跷板一样运动(图4-7)。

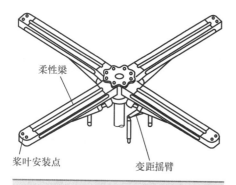

图 4-5 无轴承式旋翼模型

图 4-6 某跷跷板式旋翼桨毂结构

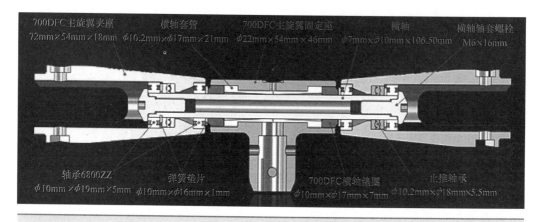

图 4-7 简易跷跷板式结构

图4-8所示无人直升机旋翼桨毂的铰接方式与载人直升机很相似,因此结构也相对复杂,通常在实用中要对其进行简化。

如图4-9所示,简化的铰接式三桨叶桨毂与常见的双桨叶桨毂的结构类似,有三根分体式横轴,分别由一个销与主旋翼固定座铰接实现挥舞运动,再用一个弹性垫圈限制其角度;变距运动由主旋翼夹座以分体式横轴为轴心进行转动实现;旋翼桨叶由一根螺栓安装于主旋翼夹座,可做摆振运动。

图 4-8 无人直升机的四桨叶旋翼桨毂

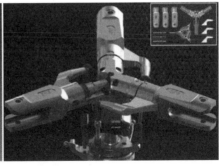

图 4-9　铰接式三桨叶桨毂

　　微型和轻型直升机的尾桨，由于没有周期变矩的需要，桨毂结构进一步简化，通常只需保留变距铰和摆振铰。

三、直升机桨叶的结构

　　直升机一般采用矩形桨叶、梯形桨叶、混合梯形桨叶、翼尖后掠桨叶和翼尖切削桨叶，如图 4-10 所示。桨叶平面形状主要由其空气动力学性能决定，一般低速桨叶适宜采用前三种构型，高速翼型适宜采用翼尖后掠桨叶或翼尖切削桨叶。相比较而言，矩形桨叶的空气动力性能不如梯形桨叶，但其加工方便，制作简便，在轻型无人直升机中得到广泛应用。

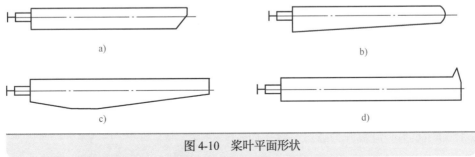

图 4-10　桨叶平面形状

ⓐ 矩形桨叶　ⓑ 梯形桨叶　ⓒ 混合梯形桨叶　ⓓ 翼尖后掠桨叶

　　桨叶剖面形状取决于空气动力性能，与固定翼相同。但桨叶剖面结构形式与固定翼无人机有较大差异，主要是没有剖面翼肋。不同形状的桨叶剖面构型具有不同的特性。对于硬质塑料或木质桨叶，其剖面结构较为简单。复合材料桨叶的剖面结构经过设计，可以具有很好的刚度和强度特性。

　　复合材料桨叶由大梁、上下蒙皮、前缘包皮、后缘条、内腔泡沫填芯及配重等构件组成。按照大梁形状来区分，复合材料桨叶可分为 C 型梁、D 型梁、多腔梁。其中以 C 型梁桨叶结构在无人直升机中应用最为广泛，图 4-11 所示为 C 型梁桨叶结构剖面图。

　　C 型梁桨叶的特点是：它的结构能够提供 80% 左右的挥舞弯曲刚度，还可提供 35% 左右的摆振弯曲刚度。其结构由纤维单向带组成，微型和轻型无人直升机主要采用这种剖面结构。C 型梁单闭室桨叶的优点在于结构简单，工艺性好，最大的缺点是单闭式结构的扭转刚度较低。双闭室和三闭室剖面结构的 C 型梁桨叶在单闭式结构的前、后增加一两个加强梁，既保留了 C 型梁良好的工艺性和承载能力，又提高了扭转刚度。

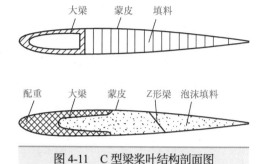

D 型梁的承载能力较大，且扭转刚度较高。其结构比较复杂，工艺性较差，金属梁采用钛合金来制造，蒙皮一般采用二次胶接共固化成形，填芯采用泡沫芯或蜂窝芯，主要用于重型直升机，在微型和轻型无人机中应用较少。

图 4-11　C 型梁桨叶结构剖面图

多腔梁由多个大梁组成，保留了 D 型梁的优点，通过多路传递载荷，提高了损伤性能，安全性能好，但是结构复杂，主要用于武装直升机和军用运输直升机，在微型和轻型无人机中较少使用。

第二节　无人直升机的飞行性能

无人直升机与固定翼无人机在飞行模式和受力等方面有较大的不同。

1）飞行模式。固定翼无人机的飞行模式一般为水平滑跑起降、爬升、水平飞行等。而无人直升机常见的飞行模式是垂直起降（无需滑跑）、水平前飞和倒飞、垂直上升和下降、侧飞等。

2）受力。固定翼无人机主要受到空气动力（升力、阻力）、发动机推力和重力作用。无人直升机中发动机主要起驱动旋翼转轴转动的作用，不提供推力，推力由旋翼的升力分量提供。因此，无人直升机受到的力主要是升力、阻力和重力。旋翼升力通过桨盘平面倾斜提供水平侧向力及向后和向前的分量，实现无人直升机特殊的飞行模式，如图 4-12 所示。

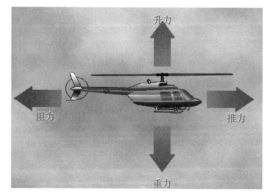

无人直升机的飞行性能通常分为垂直飞行性能和水平飞行性能，有些飞行性能与固定翼无人机相同，如航程、续航时间、活动半径等。且由于无人直升机的特殊性，其航程一般较小，续航时间较短，没有起飞、着陆性能。其与固定翼无人机不同的飞行性能有以下三种。

图 4-12　无人直升机悬停时的受力

（1）垂直上升速度　垂直上升速度指无加速状态时的上升速度。

（2）静升限　无人直升机的静升限与固定翼无人机的静升限含义略有不同。它指无人直升机悬停飞行时垂直上升速度为零时的极限高度，即最大悬停高度。与固定翼无人机类似，无人直升机也有实用静升限含义，指垂直上升速度为 0.5m/s 时所对应的高度，也称为实用悬停高度。

（3）自转下滑性能　自转下滑性能指在没有发动机驱动、旋翼自转情况下的最小下滑率（最小下降速度）和最小下滑角。

第三节　无人直升机操纵及控制原理

无人直升机运动包括姿态运动和轨迹运动。姿态运动指绕无人直升机机体轴的三个角运动，轨迹运动指无人直升机质心在空间中的运动轨迹。无人直升机的操纵就是控制直升机的姿态运动和轨迹运动。

飞行控制系统根据测量元件测量当前直升机的飞行姿态和运动轨迹，反馈给中央处理器，根据目标航线运动和当前测量值的差别，由一套控制算法控制执行机构，进行姿态控制，使无人直升机按照当前预定轨迹运动，如图 4-13 所示。

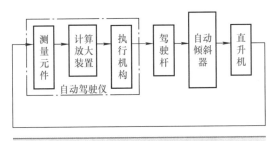

图 4-13　无人直升机的控制原理

自动驾驶功能包括姿态保持、航向保持、高度保持等，能够实现航迹控制、自动导航、自动着陆、垂直升降、自动悬停、自动过渡飞行等功能。

无人直升机没有类似固定翼无人机上的各种操纵舵面，对无人直升机的控制主要依靠旋翼和尾翼来完成。因此无人直升机的旋翼既要提供升力，又要对无人直升机进行控制，因此其旋翼同时具有固定翼无人机的机翼和副翼的作用。对于单旋翼带尾桨的无人直升机，通过操纵机构可以控制主旋翼的拉力大小和方向，并产生操纵力矩。无人直升机在飞行中的大多数控制是通过旋翼来完成的，尾桨不但起到克服主旋翼反转矩的作用，还要控制无人直升机的航向，其作用类似于固定翼无人机的方向舵。

目前绝大多数微型和轻型无人直升机采用自动倾斜器对旋翼进行控制。自动倾斜器有三个自由度，可以实现对旋翼的总距控制、纵向周期变距控制和横向周期变距控制。变距控制可以改变旋翼桨叶的迎角，从而改变旋翼上升力的大小和方向，实现对旋翼姿态和轨迹的操纵。

自动倾斜器分为两部分，分别是旋转环和不旋转环。旋转环是与旋翼保持同步旋转的，由旋翼轴上的扭力臂带动旋转环旋转；而不旋转环并不跟随旋翼旋转，通常会有机构来保持不旋转环的方位角度。

在操纵时，操纵力矩首先要控制不旋转环，再由不旋转环来改变旋转环的姿态。最后，旋转环通过变距拉杆来改变旋翼桨叶的桨距，实现对旋翼的控制。

铰接式旋翼和跷跷板式旋翼的操纵控制原理不同。前者直接控制旋翼桨叶的总距和周期变距，以达到改变桨盘平面进而改变升力方向的作用。后者主要通过改变伺服小翼的总矩和周期变距，使跷跷板两端桨叶升力不平衡，从而改变升力大小和方向来实现控制。下面分别对这两种控制原理进行介绍。

在进行总距操纵时，自动倾斜器进行上下平移，所有桨叶的迎角变化是相同的，此时同发动机的风门联动就可以改变旋翼的拉力。当自动倾斜器向前倾转时，桨叶在变距拉杆的带动下，周期性地改变迎角，此时在各个位置的桨叶的迎角变化量就不相同了。

图 4-14 所示为无人直升机自动倾斜器示意图。其中 A 为机头方向。

铰接式旋翼无人直升机起飞时的操纵原理如下：

操纵自动倾斜器使得不旋转环的 A 点最低，C 点最高，B 点和 D 点无变化。当旋转环上的 E 点旋转到 C 点时，其控制的桨叶处于 D 点位置，此时桨距最小。而旋转环处在 B 点时桨叶桨距最大，此时升力也最大。在升力作用下桨叶从 B 点开始逐渐向上挥舞，当到达 C 点时挥舞至最高。同理，桨叶在从 D 点运动到 A 点时向下挥舞至最低，此时整个桨盘平面是向前倾斜的，升力产生向前的分力，控制无人直升机前飞。

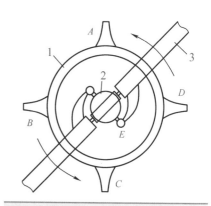

图 4-14　无人直升机自动倾斜器示意图

1—不旋转环　2—旋转环　3—旋翼

需要说明的是，虽然桨盘平面的倾斜相对桨叶的桨距变化有 90° 的滞后，但是自动倾斜器的倾转方向与桨盘平面的倾转方向是大体相同的。主要是为了习惯一致，在实际控制桨叶时，旋转环的方位角会超前 90° 控制桨叶，以克服桨盘平面的滞后。但在实际设计周期变距机构时，由于挥舞铰外伸量的不同，桨盘平面的滞后角有时会小于 90°，需要对不旋转环的操纵相位进行调整，以使操纵杆前推时，桨盘平面也是前倾的。

跷跷板式旋翼无人直升机的桨毂没有挥舞铰，同时有阻尼橡胶限制桨叶的挥舞，在微型和轻型无人直升机上，桨叶刚度很大，这些均导致桨叶的挥舞量很小。这种情况下，桨盘平面不发生倾斜，不能依靠改变旋翼拉力方向来控制直升机，主要通过伺服小翼来控制周期变距。自动倾斜器不但控制桨叶的周期变距，而且控制伺服小翼的周期变距。伺服小翼的挥舞位移很大，并且在气动力的作用下可以对桨叶产生很大的操纵力矩，因此小翼也控制桨叶的周期变距。两片桨叶的迎角不同，产生的升力大小也就不同，因此整个旋翼一边的升力大而另一边的升力小，不平衡升力直接通过桨毂带动无人直升机运动。

无人直升机还有针对发动机的控制。无人直升机上的发动机控制一般可以分为开环控制和闭环控制。开环控制仅适用于剩余功率大、转速稳定的微型无人直升机，其优点是控制简单方便，但是控制品质差，对于飞行中可能遇到的扰动抑制效果差。目前发动机控制大都采用闭环控制，如图4-15所示。

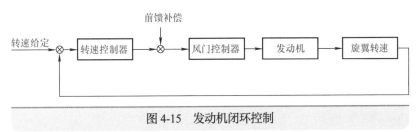

图4-15 发动机闭环控制

练习题

1. 无人直升机的布局形式有几种？有什么区别？
2. 无人直升机的桨毂结构有几种？有什么区别？
3. 无人直升机的桨叶平面形状有几种？有什么区别？
4. 简述无人直升机桨叶的结构和特点。
5. 简述无人直升机的操纵及控制原理。

多旋翼无人机
基本飞行原理

第五章

第一节　多旋翼无人机的飞行性能

多旋翼无人机目前多为工业级和消费级，尤其以消费级居多，故其主要飞行性能与其他两种无人机显著不同。

一、飞行速度

多旋翼无人机的飞行速度性能与固定翼无人机不同，主要指最大垂直上升速度、最大垂直下降速度和最大水平飞行速度。飞行速度对竞速无人机、竞速航拍无人机有重要意义，但在普通消费级无人机中意义不大。目前最大垂直上升速度和最大垂直下降速度均在5m/s 以内，最大水平飞行速度在28m/s 以内。随着技术水平的提升，这些飞行速度均会有所提高，同时对飞行控制系统、动力系统等将提出更高的要求。

二、续航时间

多旋翼无人机续航时间的定义与固定翼相同，续航时间长短是多旋翼无人机的主要技术壁垒之一。目前市场上消费级的多旋翼无人机多采用电动驱动装置，由锂电池供电，续航时间受限于蓄电池的充放电能力。电动多旋翼无人机的续航时间均在半小时以内，这也是限制其进入工业应用领域的主要原因。目前，在如何提高其工作时间（非续航时间）的问题上，主要有三种方案。

1）增加备用蓄电池，采用快速充电的方式延长其工作时间，这是目前的主流方式，技术难度较低，但是电池快充后充放电效率下降很大，提高了无人机的应用成本。

2）采用锂芯片技术，代替现有的锂电池快充模式。该技术目前还在探索中，尚未进入市场。

3）采用油电混动动力，这种方式需要增加多旋翼无人机的体积和质量，目前尚无安全可靠的油电混动多旋翼无人机进入市场。

三、悬停性能与定位性能

多旋翼无人机的悬停性能定义与无人直升机相同。悬停是旋翼无人机特有的飞行性能之一，它与定位性能一起被作为衡量多旋翼无人机飞行性能的一项指标。一般现有无人机采用全球定位系统定位技术、超声波定位技术或基于双目视觉的定位技术，悬停精度受定位技术水平的限制。抗干扰性能一方面与定位技术相关，另一方面也与飞行控制算法有一定的关系。目前，较好的消费级多旋翼无人机的水平定位精度为1.5m，垂直定位精度为0.5m。

四、避障性能

避障性能是指多旋翼无人机发现、识别并躲避障碍物的能力。它是多旋翼无人机特有的飞行性能之一，也是其安全性能的重要指标。目前只有部分多旋翼无人机具备该性能（如大疆精灵4Pro、零度多比等）。该项性能的提出主要源于多旋翼无人机多数情况下飞行高度较低（100m以下），近地飞行时面临的地形环境复杂，有房屋建筑、树木、行人等。避障性能的主要衡量指标为障碍物的大小，躲避障碍物的反应时间、反应距离与躲避维度。

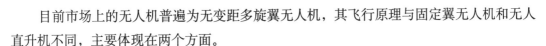

第二节 多旋翼无人机操纵及控制原理

目前市场上的无人机普遍为无变距多旋翼无人机，其飞行原理与固定翼无人机和无人直升机不同，主要体现在两个方面。

1）通过调节每个旋翼的转速大小来调节升力大小，实现升力大小和方向的变化；没有自动倾斜器，不能通过变距控制每片桨叶的迎角以达到改变桨盘平面和升力的作用。

2）通过交叉旋翼的旋转克服反转矩，没有额外的尾桨消除主旋翼的反转矩。

多旋翼无人机的飞行原理为：每个旋翼均由独立的电动机驱动螺旋桨旋转，利用每个旋翼的转速和转向来控制螺旋桨的拉力和侧力的大小，通过解算多旋翼的合力大小和方向，实现多旋翼无人机的飞行。另外，由于具有多个旋翼（一般为偶数个旋翼），旋翼转动过程中由于空气阻力作用，会形成与转动方向相反的反转矩，为了克服反转矩的影响，可使四个旋翼中的两个正转、两个反转，且对角线上的各个旋翼转动方向相同。这样，可以保持多旋翼机身的稳定性，类似于无人直升机尾桨的作用。

多旋翼无人机飞行模式与无人直升机类似，主要有垂直运动、侧向运动、前后运动、俯仰运动、滚转运动、偏航运动和悬停。

下面以四旋翼无人机为例来说明其飞行控制原理。

一、垂直运动

图5-1所示为四旋翼无人机垂直运动状态下的飞行原理示意图。一般四旋翼无人机的四个螺旋桨依次按照顺时针安装、逆时针安装、顺时针安装、逆时针安装。由图5-1可知，电动机1和电动机3逆时针方向旋转，电动机2和电动机4顺时针方向旋转，四台电动机带动螺旋桨均产生向上升力的同时，转向相反的相邻电动机平衡了机身的反转矩。如果同时增加四台电动机的输出功率，旋翼转速增加使得总的拉力增大，当总拉力足以克服整机的自重时，四旋翼无人机便离地垂直上升。反之，如果同时减小四台电动机的输出功率，四旋翼无人机则垂直下降，直至平衡落地。当外界扰动量为零，旋翼产生的升力等于其自重时，无人机便保持悬停状态。

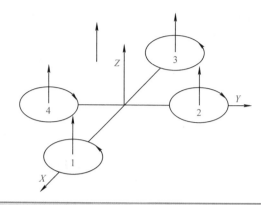

图 5-1　四旋翼无人机垂直运动状态下的飞行原理示意图

二、俯仰运动

图 5-2 所示为四旋翼无人机俯仰运动状态下的飞行原理示意图，由图可知，电动机 1 和电动机 3 逆时针方向旋转的同时，电动机 2 和电动机 4 顺时针方向旋转。如果保持电动机 2 和电动机 4 的转速不变，在提高电动机 1 转速的同时降低电动机 3 的转速（电动机 1、电动机 3 的转速改变量相等），那么由于旋翼 1 的升力上升而旋翼 3 的升力下降，便产生了绕 $-Y$ 轴方向的不平衡力矩，使得机身绕 Y 轴旋转。

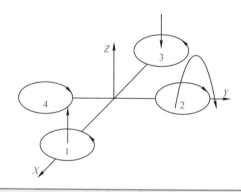

图 5-2　四旋翼无人机俯仰运动状态下的飞行原理示意图

同理可知，如果保持电动机 2 和电动机 4 的转速不变，当电动机 1 的转速下降而电动机 3 的转速上升时，便产生了绕 $+Y$ 轴方向的不平衡力矩，使得机身绕 Y 轴向另一个方向旋转。这样就实现了四旋翼无人机的俯仰运动。

三、滚转运动

滚转运动又称横滚运动。如图 5-3 所示，改变电动机 2 和电动机 4 的转速，保持电动机 1 和电动机 3 的转速不变，则可使机身绕 X 轴（正向和反向）旋转，实现无人机的滚转运动。

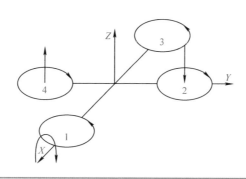

图 5-3　四旋翼无人机滚转运动状态下的飞行原理示意图

四、偏航运动

如前所述，四旋翼通过旋翼正反转交替安装的方式克服反转矩，使四旋翼无人机不发生转动。而当四台电动机转速不完全相同时，不平衡的反转矩会引起四旋翼无人机转动。偏航运动正是借助旋翼产生的反转矩来实现的。图 5-4 所示为四旋翼无人机偏航运动状态下的飞行原理示意图。

如图 5-4 所示，当电动机 1 和电动机 3 的转速上升，电动机 2 和电动机 4 的转速下降时，旋翼 1 和旋翼 3 对机身的反转矩大于旋翼 2 和旋翼 4 对机身的反转矩，机身便在反转矩的作用下绕 Z 轴转动，实现无人机的偏航运动，且转向与电动机 1、电动机 3 的转向相反。

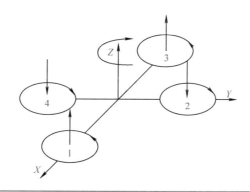

图 5-4　四旋翼无人机偏航运动状态下的飞行原理示意图

五、前后运动

要想实现四旋翼无人机在水平面内前后、左右的运动，必须在水平面内对四旋翼无人机施加一定的力。要实现无人机的侧飞、前飞或倒飞，不能像无人直升机那样倾斜桨盘，只能通过倾斜机身整体方向，使多旋翼升力具有水平分量，从而实现其水平飞行。

图 5-5 所示为四旋翼无人机前后运动状态下的飞行原理示意图，由图可知，保持电动机 2 和电动机 4 的转速不变以平衡反转矩，同时增加电动机 3 的转速使得螺旋桨产生的拉

力增大，相应减小电动机 1 的转速使得螺旋桨产生的拉力减小，四旋翼无人机整体首先沿 X 轴方向产生一定程度的倾斜，从而使旋翼拉力产生水平分量，因此可以实现四旋翼无人机的前飞运动。四旋翼无人机向后飞行与向前飞行的情况正好相反，但飞行原理相近。

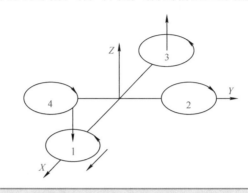

图 5-5　四旋翼无人机前后运动状态下的飞行原理示意图

六、侧向运动

图 5-6 所示为四旋翼无人机侧向运动状态下的飞行原理示意图，与四旋翼无人机前后运动状态的飞行原理相似，保持电动机 1 和电动机 3 的转速不变以平衡反转矩，同时增加电动机 4 的转速使得螺旋桨产生的拉力增大，相应减小电动机 2 的转速使得螺旋桨产生的拉力减小，这时四旋翼无人机首先沿 Y 轴方向产生一定程度的倾斜，从而使旋翼拉力产生侧向分量，因此可以实现四旋翼无人机的侧向运动。

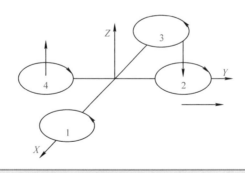

图 5-6　四旋翼无人机侧向运动状态下的飞行原理示意图

当然，微型多旋翼无人机在产生俯仰、翻滚运动的同时也会产生沿 X、Y 轴的水平运动。

除了四旋翼无人机，还有六旋翼、八旋翼、十二旋翼无人机等。一般旋翼越多，控制冗余度越大，并且在一台电动机损坏的情况下可以继续飞行。

多旋翼无人机具有垂直起降、空中悬停、低空飞行和原地回转等飞行技能，可广泛应用于国民经济建设的各个领域。它可搭载各种专业设备仪器，承担和完成多种危险的工作，在恶劣环境下进行全天候作业。其应用范围极为广泛，主要包括以下方面。

1）石油开发服务、输油管道检测和安全保护。

2）消防部门的火情侦察、监视、消防灭火、消防抢险、灾害救援。

3）林业部门的护林防火、播种和病虫害防治。

4）物流快递公司送货。

5）交通部门的道路交通检测、疏导与控制，海港的接送引航员服务。

6）电力部门的输电线路建设、巡查和维护。

7）新闻及电影拍摄的航空摄像及摄影。

8）农牧业的农作物检测、喷洒农药、牧群检测与驱赶。

9）海岸警卫的海面搜寻、海岸巡逻、海界标检测。

10）环保部门的环境污染及土地状况监测。

11）海关与税收部门的非法走私监视、边界巡逻。

12）海洋渔业部门的渔业保护、海洋资源调查。

13）大气参数采集与检测、分析，灾害普查、抢险和救援。

14）公安部门的反恐、失踪人员搜寻、落水人员救生、安全与突发事件监控及现场处理等。

15）普查机构的地理、地质、考古勘定。

16）河道管理部门的水路和水情检测、洪水与污染控制。

17）水务部门的水务及水管道检测、维护。

18）实现载人化，搭乘旅客，作为便捷的交通运输工具等。

随着科技的进步和发展，未来的无人机会在更多的行业中得到广泛应用。

练习题

1. 简述多旋翼无人机的飞行原理。

2. 多旋翼无人机如何抵消反转矩？如何改变其飞行姿态？

无人飞艇
基本飞行原理

第六章

飞艇是利用密度小于空气的气体来提供升力的航空器，是较早出现的航空器，属于浮空器的一种。美国联邦航空局编制的《飞艇设计准则》将飞艇定义为："飞艇是一种由发动机驱动的、密度小于空气的、可以操纵的航空器。"

飞艇可以分为有人飞艇和无人飞艇两类。作为特殊的无人机，无人飞艇在结构特点、空气动力学特性和操控等方面都有其独到之处。

无人飞艇、固定翼无人机、无人直升机的对比见表6-1，由表可知，相比于其他两种无人机，无人飞艇的结构特点使其拥有诸多优势，如滞空时间长（飞行时间以天或月计）、受天气情况影响小、能量消耗低、载质量大、安全性能好、振动小，可方便地实现垂直起降、空中悬停和低速飞行。这些优势使其在执行监视、探测等任务时更具潜力，军事探测、通信中转、交通运输、地质勘探、抢险救灾等领域是无人飞艇的应用热点。

表 6-1　无人飞艇、固定翼无人机、无人直升机的对比

性能	无人飞艇	固定翼无人机	无人直升机
飞行速度	0 ～ 120km/h	60 ～ 3000km/h	0 ～ 400km/h
飞行时间	长	中等	短
悬停性能	好	差	好
系统结构	简单	中等	复杂
可靠性	好	中等	差

第一节　飞艇的内部构造

以固特异载人飞艇为例，与气球不同，小型飞艇有自己的形状和结构，使它可以飞行和进行操纵，如图6-1所示。

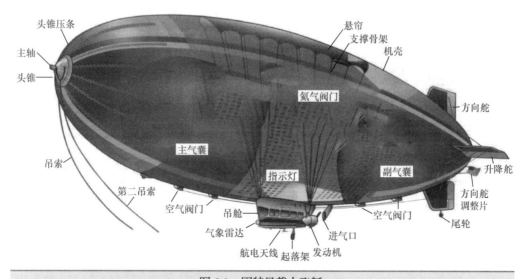

图 6-1　固特异载人飞艇

以下部件帮助固特异载人飞艇实现了其功能：气囊（装有氦气）、头锥压条、前部气袋、后部气袋、悬帘、吊索、飞行控制翼面（方向舵、升降舵）、发动机、进气口、空气阀门、氦气阀门、吊舱。

1）气囊。气囊是装有氦气的袋子。为了提高空气动力，气囊通常呈雪茄形状，采用耐久、气密且密度小的面料（聚酯复合物）制成，这与航天服的面料相似。气囊可容纳 $1900 \sim 7093m^3$ 的氦气，具体容量根据小型飞艇的不同而不同。气囊内的压力较低，约为 0.51kPa。

2）头锥压条。头锥压条是从小型飞艇的端头呈辐射状延伸的支撑条，其可加固小型飞艇的前锥头，使其系在系留柱上时不会损坏。还可形成符合空气动力学的锥头形状，防止锥头在小型飞艇前进时凹陷。除了压条之外，系留钩也位于小型飞艇的锥头。

3）气袋。气袋是气囊内装有气体的袋子。小型飞艇含有两个气袋，一个在前部，另一个在后部。气袋与潜水艇的压水舱相似。因为空气的密度大于氦气，所以向气袋充放空气可使小型飞艇相应地升降。它们也用于控制小型飞艇的平衡或平稳度。两个悬帘沿小型飞艇纵向置于气囊内。它们采用织物制成并缝在气囊中，而吊索将它们连接至吊舱。悬帘用于帮助支撑并形成气囊的形状，也帮助连接吊舱。

4）飞行控制翼面。飞行控制翼面是小型飞艇上坚固、可移动的部件，安装于小型飞艇的尾部，包括方向舵和升降舵。方向舵用于控制小型飞艇左右转舵（偏航轴），升降舵用于控制小型飞艇的升降角度（俯仰轴）。飞行控制翼面由飞行员在驾驶小型飞艇时操纵，有"+"和"x"两种配置可选。

5）发动机。小型飞艇上装有两台发动机，它们可提供前进所需的推力。发动机采用涡轮推进式飞机的发动机，以汽油作为燃料，由空气冷却。发动机产生的功率随小型飞艇的不同而不同，它们位于吊舱的两侧。凭借发动机，小型飞艇能以 48~113km/h 的速度巡航。

6）进气口。进气口直接将由推进器排出的空气送入气袋，这就是飞行员在飞行过程中为气袋充气的方式。当发动机不运行时，可用电风扇将空气送入气袋。

7）空气阀门。除了充气，飞行员还必须能够从气袋排气。这通过位于两个气袋上的空气阀门实现。飞艇一共有四个空气阀门，前部和后部各有两个。

8）氦气阀门。通过改变气袋中空气的量可调节气囊中氦气的压力。通常，小型飞艇飞行员不需要对气囊充放氦气。但是，气囊上还有一个氦气阀门，可在氦气压力超过最大安全限制时释放氦气。氦气阀门可手动或自动打开。

9）吊舱。吊舱是乘客和机组人员的座舱。吊舱采用密闭结构，可乘坐人数随小型飞艇类型的不同而不同，固特异的"雄鹰号"（Eagle）和"星条旗号"（Stars and Stripes）小型飞艇都可以容纳 2 名飞行员和 6 名乘客。一些吊舱装有照相机等特殊的设备。

飞行员使用的控制板如下：

1）推进器控制。监控和调节速度（气门）、叶片角度（叶片螺距）及发动机的方向（正转或反转）。

2）油气混合/加热。监控并调节发动机的油气混合比及混合的温度，防止油气在高空结冰。

3）气囊压力控制。监控并调节气囊中氦气的压力及气袋中空气的压力（通过开关进气口和阀门实现）。

4）通信。与地面支持小组和空管部门保持无线电联系。

5）飞行翼面控制。控制方向舵（左右运动）和升降舵（上下运动）。

6）导航设备。罗盘、航速指示器、无线电导航台、定位系统等（某些小型飞艇也配有天气雷达和夜间飞行的导航仪器）。

第二节　无人飞艇的飞行原理

固定翼无人机和无人直升机主要涉及空气动力学，利用无人机与空气的相对运动产生升力，而无人飞艇的悬停和系留主要涉及空气静力学，前飞或控制时才关注空气动力学。空气静力学关注沉浸在大气中的物体所受到的静态浮力，空气动力学则关注物体与大气产生相对运动时的空气动力。

一、空气静力学原理

无人飞艇依靠浮力升空，其浮力的大小遵从空气静力学中的阿基米德定律，浮力公式为

$$F = (\rho_a - \rho_h)Vg \tag{6-1}$$

式中，ρ_a 为大气密度；ρ_h 为氦气密度；V 为气囊体积；g 为重力加速度。

即无人飞艇气囊内氦气压力与气囊外空气压力差导致其产生浮力。

现代无人飞艇气囊中的气体为氦气。氦气为惰性气体，较氢气而言安全性好。在标准海平面大气条件下，无人飞艇气囊内部的氦气将提供 10.539N/m³ 的单位升力。由于无人飞艇气囊内部氦气的纯度通常达不到 100%，因此在实际中氦气产生的单位升力通常为 9.8N/m³（1kg/m³）。在实际飞行中，无人飞艇通过调节副气囊的大小来调节浮力大小，从而实现自身的上升和下降。图 6-2 所示为软式无人飞艇通过副气囊调节飞行高度的原理示意图。由图可知，要使无人飞艇高度下降，需要向副气囊充入空气使副气囊膨胀，副气囊膨胀压缩主气囊使之排气体积减小，进而导致净浮力减小。要使无人飞艇高度上升，需要排出副气囊中的空气，使副气囊收缩，副气囊收缩使得主气囊体积膨胀，进而使之排气体积增加，从而导致净浮力增大。

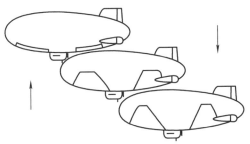

向副气囊中充入空气 → 副气囊膨胀 → 压缩主气囊 → 净浮力减小 → 飞艇下降

排出副气囊中的空气 → 副气囊收缩 → 主气囊膨胀 → 净浮力增大 → 飞艇上升

图 6-2　软式无人飞艇通过副气囊调节飞行高度的原理示意图

飞艇高度、大气温度和湿度都对飞艇的浮力大小有影响。

随着高度增加，大气密度和大气压力会有所降低。因此在无人飞艇上升的过程中，气囊中的氦气不断膨胀，直至气囊被完全充满，通常将气囊完全充满时无人飞艇所在的高度称为压力高度。在压力高度出现之前的上升过程中，尽管无人飞艇的排气体积有所增加，有利于增大浮力，然而由于大气密度下降抵消了上述浮力增大的作用，因此在标准大气条件下无人飞艇的浮力随高度的增加有所减小。在无人飞艇上升至压力高度以上时，由于随高度增加气囊排气体积不再增大且大气密度持续降低，无人飞艇的浮力显著减小，直至稳定在浮力与无人飞艇自身重力相平衡的高度上。图 6-3 所示为不同大气温度下无人飞艇浮力与高度之间的变化关系。

温度升高时，氦气膨胀导致无人飞艇的气囊体积增大、氦气密度减小，浮力增加。在标准海平面，温度上升 10℃ 会使得氦气气囊的浮力增加约 4%，其中 3.66% 是单独由无人飞艇气囊体积增大产生的。

由于空气的摩尔质量约为 29g/mol，而水蒸气的摩尔质量为 18g/mol，因此大气湿度越大意味着其密度越小。进而由阿基米德定律分析可知，在相同排气体积的条件下，大气湿度越大，无人飞艇产生的浮力越小。

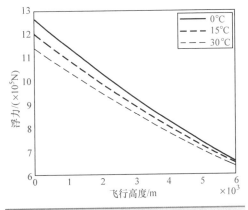

图 6-3　不同大气温度下无人飞艇浮力与高度之间的变化关系

二、空气动力学原理

无人飞艇属于低速飞行器（飞行速度大多低于 150km/h），它在低速飞行时，其空气动力学特性满足第二章所述的伯努利定理。无人飞艇具有尾翼和体积庞大的气囊，因此其在飞行过程中既存在空气升力也有较大的空气阻力。

无人飞艇在空气中飞行时所受到的阻力主要为压差阻力和摩擦阻力。对于以压差阻力为主的运动，通常运用参考面积定义阻力系数。对于以摩擦阻力为主的运动，通常使用表面积定义摩擦阻力系数。由于无人飞艇的压差阻力与摩擦阻力的比例相当，通常使用无人飞艇艇身体积的 2/3 次方定义阻力系数。无人飞艇的阻力系数还与其飞行速度的二次方成反比。

除了无人飞艇的艇身体积和飞行速度之外，长细比也对无人飞艇的阻力系数有较大影响。压差阻力说明，外形与翼型越接近，其压差阻力越小。在飞艇中，长细比越大，无人飞艇的压差阻力越小，但由于同样体积艇身外形的表面积越大，因此其摩擦阻力也相应增大。图 6-4 所示为不同雷诺数下无人飞艇的阻力系数随长细比的变化趋势。由图可知，当长细比较小时，无人飞艇所受到的阻力主要为压差阻力；随着长细比增加，压差阻力减小，摩擦阻力增大，无人飞艇的总阻力有所减小；当长细比增加至一定程度后，压差阻力的减小量与摩擦阻力的增加量大小相当，此时无人飞艇所受的总阻力达到最小值；此后当长细比进一步增加时，摩擦阻力的增加量超过了压差阻力的减小量，无人飞艇的总阻力有所增大。如图 6-4 所示，在长细比为 4~6 的范围内，无人飞艇的阻力系数最小（0.02~0.03），高空中无人飞艇所处环境的雷诺数为 1×10^7 左右，其阻力系数一般小于 0.02。因此，小型软式无人飞艇的最佳长细比为 4，大型硬式无人飞艇的最佳长细比为 6~7。

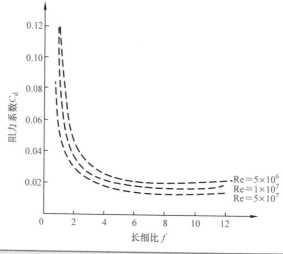

图 6-4　不同雷诺数下无人飞艇的阻力系数随长细比的变化趋势

无人飞艇的升力（或称动升力）指的是作用在无人飞艇表面（包括艇身和尾翼）上的力在垂直于来流方向上的分量。无人飞艇的升力主要由两部分组成，第一部分是带迎角飞行时无人飞艇艇身上、下表面的压力差产生的升力，第二部分是无人飞艇尾翼产生的升力。虽然无人飞艇的升力与浮力相比小很多，但其对飞艇姿态控制、运动稳定性和平衡无人飞艇净重有着不可替代的作用。无人飞艇的升力系数一般通过风洞试验、实际飞行试验和数值计算获得。图 6-5 所示为无人飞艇飞行过程中所受的力。

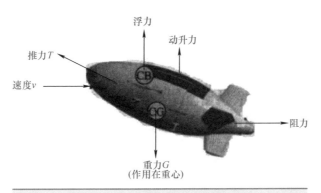

图 6-5　无人飞艇飞行过程中所受的力

与一般无人机有所不同，无人飞艇在飞行迎角为 0° 时所受的阻力最小，升阻比最大。飞行迎角在 1°~3° 的范围内时，无人飞艇升力系数的增加量稍大于阻力系数的增加量，升阻比较大；当飞行迎角超过 3° 时，随着飞行迎角增大，升力系数增加较小但阻力系数明显增加，升阻比显著减小。因此，现代无人飞艇通常选择在 0°~3° 范围内的有利迎角飞行。图 6-6 所示为 LOTTE 无人飞艇艇身的升力系数和阻力系数。

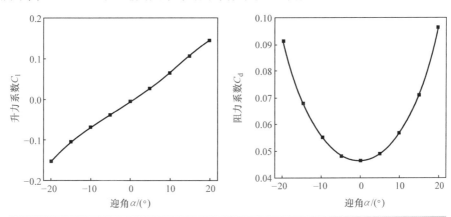

图 6-6　LOTTE 无人飞艇艇身的升力系数和阻力系数

第三节　无人飞艇的操纵控制

一、地面操纵

无人飞艇的地面操纵通常包括艇库停放、地面移动、系留、解系、地面回收五个部分。在无人飞艇离开艇库后，地面操纵最重要的一点是保持低速控制。

1. 艇库停放

无人飞艇在装配、整修及长时间不运行时需要在艇库停放。由于无人飞艇的体积巨大，因此通常需要宽度较大、容积巨大的库棚进行停放。图 6-7 所示为无人飞艇艇库停放的实景图片。在艇库停放中，无人飞艇的进库与出库是较容易出现事故的环节，操作时必须十分谨慎。由于在艇库库门附近经常受到横向风、紊流等空气流动的影响，因此在进库与出库时必须极力避免无人飞艇艇身碰撞库壁和库门。

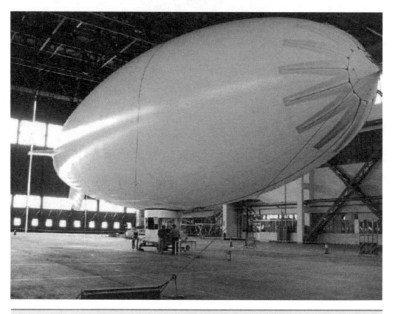

图 6-7　无人飞艇艇库停放的实景图片

2. 地面移动

无人飞艇的地面移动主要是依靠多名地勤人员协调配合将无人飞艇由一处移动至另一处。地勤人员通常由两名艇头拉绳员、两名扶舱员和两名艇尾拉绳员组成，如图 6-8 所示。由于地面存在阵风的影响，需要地勤人员配合使无人飞艇不会明显偏离其预定的地面移动轨迹，通过各地勤人员的协调合作确保无人飞艇在地面移动过程中的安全。

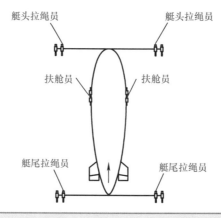

图 6-8　无人飞艇地面移动时地勤人员的位置分布示意图

3. 系留

无人飞艇在艇库外不飞行时或在飞行间隔需要做短暂停留时常采用系留操作。对无人飞艇系留装置的要求有两个：一是安全可靠，抗风能力强；二是机动灵活、操作简便，尽量机械化。飞艇在航线的中间站停留时，通常无完善的系留设备，只能把飞艇系留在一些地面建筑物、大树桩或简易的系留柱上。当航线的中间站在野外或偏僻地区时，无人飞艇上应配备诸如锚镖投射器或带钻头的可伸缩的系留柱这样的自动系留装置。图 6-9 所示为无人飞艇地面系留时的情景。由上述分析可知，系留操作的可靠性涉及无人飞艇的地面安全，地面操作人员的操作十分关键且责任重大。

图 6-9　无人飞艇地面系留时的情景

4. 解系

与无人飞艇的其他地面操作相比，对解系的操作技术要求相对较少。解系要求在释放无人飞艇后直至无人飞艇上升到正常操作高度和速度的过程中确保无人飞艇没有接触地面设备的风险。在无人飞艇的解系操作中，需要通过空气动升力的获取来控制上升的速度和加速度，保证无人飞艇离地升空的安全性。

5. 地面回收

无人飞艇的地面回收操作是危险性较高和操作难度大的地面操作。要实现无人飞艇的地面回收，需要将其水平速度和垂直速度都减小至 0m/s。由于无人飞艇对风向变化相对敏感且翼面载荷较低，在地面回收过程中将无人飞艇精确定位在系留设备或地面着陆点十分困难。有时无人飞艇的地面回收允许其短距离滚动着陆，并通过绳索拴住无人飞艇艇身使其静止于地面，着陆难度相对较小。

二、飞行操纵

无人飞艇的自动驾驶系统与固定翼无人机类似，主要包括艇载自驾仪和地面站，其原理图如图 6-10 所示，由操纵员在地面实现无人飞艇的飞行操纵。

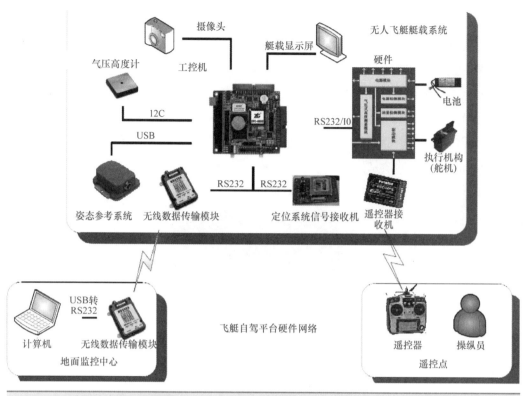

图6-10　无人飞艇自动驾驶系统原理图

无人飞艇的飞行操纵包括起飞、上升、巡航、空中悬停、着陆、复飞六个部分。其中巡航和空中悬停可以由自动驾驶系统完成。其他过程需要操纵员利用无线电遥控设备手动完成。同时，起飞操作和着陆操作需要若干地勤人员配合。

1. 起飞

无人飞艇的起飞操纵是由操纵员和地勤人员共同完成的。在起飞之前，需要对无人飞艇进行起飞前的准备工作。无人飞艇的起飞前准备工作包括称重、配重、设备检查、起动发动机、副气囊供气、无人飞艇俯仰姿态检查六个部分。称重的目的是判断无人飞艇的实际净重状态，为无人飞艇的配重提供依据。扶舱员先将无人飞艇抬起然后松手放下，观察无人飞艇是上飘还是下沉。上飘代表无人飞艇处于负净重状态，下沉代表无人飞艇处于正净重状态。在通过称重得到无人飞艇净重情况后，操纵员和地勤人员需要结合大气温度、预计飞行时间等因素进行配重。配重指的是在无人飞艇上加配压舱物。压舱物通常选用沙袋，一般情况下起飞前需要通过配重将无人飞艇调整到零净重状态（既不下沉也不上飘的状态）。设备检查主要是对无人飞艇的导航系统、操纵系统、动力装置等设备进行起飞前检查，确保飞行过程中各设备的正常运行。在检查完动力装置设备后，起动发动机，一般情况下先起动右侧发动机，再起动左侧发动机，有些情况下起动后还需要将节气门操纵杆推至最大功率，观察发动机运行及振动情况，若无异常再将节气门操纵杆推回至怠速状态。副气囊供气时无人飞艇压力系统所有阀门应处于自动位置，且应该系好绳索，防止无人飞艇突然升空。无人飞艇俯仰姿态检查指的是起飞前应确认无人飞艇在自然状态下俯仰角应为 0° 或 1°。

无人飞艇起飞时要确保前方空间尽量开阔，应预留至少 40m 的起飞距离，并保证起飞前方 50m 内没有高度在 15m 以上的障碍物。无人飞艇一般采用迎风起飞的方式，地勤人员将吊舱抬起至人胸部高度，同时一名地勤人员抓住无人飞艇尾部，并随风向变化及时调整角度，使无人飞艇始终处于迎风状态。起飞时操纵员将舵面操纵杆后拉至最大位置，控制升降舵偏转，以获取更大的空气动升力，从而达到合适的飞行迎角，同时将发动机节气门开度推到最大位置，扶舱员将无人飞艇抬起，手举吊舱并顺势向上推出，位于无人飞艇尾部的地勤人员将尾部稍向下按后迅速松开。这样，无人飞艇会迅速形成飞行迎角并向前上方飞行。操纵员目视无人飞艇升空，当无人飞艇上升至约 15m 高度时，操纵员调节发动机功率至额定功率，使无人飞艇保持一定的飞行迎角继续上升，无人飞艇的起飞动作完成。

2. 上升

无人飞艇完成起飞动作后，保持飞行迎角并利用浮力和空气动力上升，此时发动机保持额定功率，应观察主气囊压力状态并根据主气囊压力适时调整副气囊的供气，直至无人飞艇上升至巡航高度后停止上升。

3. 巡航

巡航和空中悬停均可由自动驾驶系统完成。无人飞艇在上升至巡航高度后按照预定的航线进行巡航飞行。此时应调节发动机功率至平飞功率，同时将舵面操纵杆推到平飞位置（飞行迎角为 0°），无人飞艇可维持定高定速飞行。

4. 空中悬停

无人飞艇的空中悬停指的是其相对于地面没有运动。由于无人飞艇通常受到空气流动和大气扰动的影响，因此要实现空中悬停，通常需要矢量推力发动机的配合和自动驾驶系统不断调整无人飞艇的姿态。除此之外，空中悬停时无人飞艇的头部必须向着来风方向逆风而行，而且其净重必须接近零净重状态。

5. 着陆

无人飞艇的着陆技术分为气动着陆和矢量推力着陆。其中，气动着陆主要利用空气动力进行着陆，适用于无矢量推力装置的无人飞艇。矢量推力着陆主要利用矢量推力装置完成着陆，适用于配备矢量发动机的无人飞艇。

要完成无人飞艇的着陆，首先要使其下降。将无人飞艇的发动机功率调整到降落功率，使无人飞艇减速的同时打开鼓风机向副气囊供气，以保持气囊压力。当无人飞艇下降至一定高度时，进一步减小发动机节气门开度，对准预定着陆地点保持一定的下滑角继续下降。在下滑过程中要保持好无人飞艇的速度和下降率并适时调整，以应对风速、风向的变化。

在无人飞艇高度下降至 15m 左右时，为了使无人飞艇的速度进一步减小，操纵员需将发动机节气门开度调至最小位置。在离地高度为 5m 左右时，需要将无人飞艇头部拉平，使其退出下滑准备飘落着陆。

当艇绳接地时，地勤人员着陆接艇的工作正式开始。在地勤人员拉住艇绳时，操纵员关闭无人飞艇发动机。地勤人员进行着陆接艇时，地面指挥员应根据近地风速、风向情况选择最佳着陆点，通常情况下着陆点选择在地勤人员"V"形排列队形开口前 10m 左右的位置。着陆接艇时，地勤人员以"V"形或"人"字形朝向无人飞艇来向排开，如图 6-11 所示。当艇绳接地时，拉绳员迅速拉住艇绳，扶舱员上前接住吊舱，所有地勤人员一边随着无人飞艇向前运动，一边尽力使无人飞艇减速，直至无人飞艇停落在地面。拉绳员应向后拉绳，使无人飞艇在迎风条件下逐渐减速，切忌向下拉绳而使无人飞艇的头部撞向地面。如果无人飞艇着陆时为负净重状态，由于整艇重力小于空气浮力，着陆时极易发生无人飞艇飘起的情况，此时地勤人员需全力拉住无人飞艇，防止其飘起。采用矢量推力发动机的无人飞艇能较好地避免负净重状态下的飘起问题。

图 6-11   地勤人员着陆接艇

6. 复飞

复飞指的是无人飞艇进入着陆阶段后由于特殊原因无法完成着陆，需要重新飞起的过程。无人飞艇的复飞包括正常复飞、净重复飞和轻复飞三种。无论是哪一种复飞，操纵员都需要重新增大发动机功率以提高无人飞艇速度。

正常复飞指的是无人飞艇静态质量在 0~30kg 的复飞。执行正常复飞操纵时，要求高度不低于 5m，操纵员将发动机功率柔和地加到最大，并关闭前副气囊进气开关，打开后副气囊进气开关，以获得飞行迎角，调整升降舵，待复飞至越障高度后执行正常起飞操纵。

净重复飞指的是无人飞艇静态质量在 30kg 以上的复飞。执行净重复飞操纵时，要求高度不低于 10m，操纵员将发动机功率柔和地加到最大，并关闭前副气囊进气开关，打开后副气囊进气开关，以获得飞行迎角，调整升降舵，待复飞至越障高度后执行正常起飞操纵。与正常复飞不同，净重复飞当无人飞艇头部处于下俯冲状态时，操纵员不得增大发动机功率，否则无人飞艇会加速下沉。

轻复飞指的是无人飞艇处于负净重状态下的复飞。执行轻复飞操纵时，可以在任何高度复飞，操纵员只需调整升降舵即可实现无人飞艇的上飘，关闭前副气囊进气开关的同时柔和地增加发动机功率至巡航功率，待复飞至越障高度后执行正常起飞操纵。

练习题

1. 什么是轻复飞？
2. 什么是净重复飞？
3. 简述无人飞艇着陆的过程。
4. 什么是无人飞艇的空中悬停？
5. 无人飞艇的飞行操控包括哪几个部分？

参 考 文 献

[1] 安德森 . 空气动力学基础 [M]. 杨永，宋文萍，张正科，等译 . 北京：航空工业出版社，
2010.

[2] 钱翼稷 . 空气动力学 [M]. 北京：北京航空航天大学出版社，2004.